電磁気学

岩田 真 著

Electromagnetism

森北出版株式会社

ま え が き

　本書は，名古屋工業大学物理工学科 2 年前期「応用電磁気学 I」の講義をもとに，物理系の学生が電磁気学を学ぶための教科書兼参考書として執筆したものである．演習問題の解説（2 回），期末試験と期末試験の解説を加えて前期 15 回という現行の大学の講義形態に合うように，全 11 章が 11 回の講義に対応している．本書では，読者が大学 1 年生程度の数学と力学の知識をもつことを前提にした．ベクトル解析を学んでない読者でも本書が読めるように，付録 A にベクトル解析入門を付けた．

　物理学を学ぶときに重要なことは，多くの現象を網羅的に学ぶのではなく，現象の本質や考え方，理論の枠組みを正しく認識することである．これがうまくいけば，諸現象の理解は容易に進むことになる．このような考え方から，私の講義では多くの問題を網羅的に説明するのではなく，重要な概念の本質や物理学の考え方を理解してもらうことを重視している．一方，このような講義を行うと，講義では扱いきれなかった事柄が山積することになるが，本書では，講義で扱いきれなかった部分について，読者自らが補足できるように内容を充実させた．これが本書を教科書兼参考書とした理由である．

　電磁気学では，使用する単位系がいくつもあり，それらの関係は大変複雑で，昔から電磁気学を学ぶ学生を悩ませてきた．最近では，電流が磁場をつくるか磁極が磁場をつくるかに関する E–B 対応系と E–H 対応系とよばれる考え方もあり，教科書によっては，両者が混在してるものもあるように思う．どちらが優れているかという議論をする前に，どちらかの形式で統一された理論の体系を学ぶということが重要であるとの考え方から，本書では，できる限り MKSA E–B 対応系で統一することにした．E–B 対応系に関する説明は，主に磁性体を扱う第 8 章に記した．

　特殊相対性理論と電磁気学には密接な関係があり，電磁気学の教科書の中には特殊相対性理論が説明されているものも少なくないが，本書では紙面の関係から扱わないことにした．ただし，電磁気学と特殊相対性理論が密接にかかわっている雰囲気を読者が感じられればという考えから，第 10 章のコラムで電場と磁場の相対性について簡単に紹介している．

　電磁ポテンシャルは，それを用いると計算の見通しがよくなって問題が容易に解けることもあり，大変有用な概念である．本書でも電磁ポテンシャルの簡単な説明をしたが，ゲージ理論は扱わないことにした．しかしながら，読者が将来そのような概念を学ぶときの足掛かりにでもなればと考えて，第 10 章と第 11 章の演習問題で電磁ポテンシャルによる電磁気学の形式やゲージ理論に少し触れている．

　磁性体に関する第 8 章を書くにあたって，本学の磁性体研究者である壬生 攻先生，大原繁男先生，田中雅章先生，中村翔太先生から，磁性体に関する基本的な考え方や実験

装置について丁寧にご教示いただいた．ここに感謝の意を表したい．

　また，この機会に学生時代以来長い間ご指導をいただいた石橋善弘先生（現 名古屋大学名誉教授）と折原 宏先生（現 北海道大学教授）に深く感謝の意を表したい．

　本書の執筆に関しては，私が電気電子工学科に所属していた 2009 年頃に松井信行先生からお話をいただいた．原稿の準備に時間が掛かっていたが，その後，名工大で改組があり物理工学科が新設された．このような状況で，新しい学科の講義で使用できるようにとさらに時間の御猶予をいただいた．2019 年に 3 回目の講義が開講され，その直後に何とか原稿を書き上げることができた．この間，10 年に及ぶ時間が過ぎてしまった．最後に，このような状況でも長い間忍耐強く原稿を待っていてくださった森北出版出版部 水垣偉三夫氏，福島崇史氏，上村紗帆氏および本書の編集をご担当頂いた藤原祐介氏と富井 晃氏，その他の皆さんに深くお礼申し上げる．

2020 年 3 月

岩田　真

目　　次

第1章　ベクトル解析の要点 ・・・・・・・・・・・・・・・・・・・・・・・・・・・ *1*

1.1　ベクトル場とスカラー場 ・・・・・・・・・・・・・・・・・・・・ *1*
　1.1.1　ベクトル場とスカラー場　*1*
　1.1.2　スカラー場の勾配　*2*

1.2　ベクトル場の発散とガウスの定理 ・・・・・・・・・・・・・・・ *4*
　1.2.1　ベクトル場の発散　*4*
　1.2.2　ガウスの定理　*5*

1.3　ベクトル場の回転とストークスの定理 ・・・・・・・・・・・・・ *6*
　1.3.1　ベクトル場の回転　*6*
　1.3.2　ストークスの定理　*8*

演習問題 ・・・・・・・・・・・・・・・・・・・・・・・・・・・・・・ *9*

第2章　電荷と静電場 ・・・・・・・・・・・・・・・・・・・・・・・・・・・・・・ *11*

2.1　電荷とクーロンの法則 ・・・・・・・・・・・・・・・・・・・・・ *11*

2.2　遠隔作用と近接作用 ・・・・・・・・・・・・・・・・・・・・・・ *14*

2.3　電気力線とガウスの法則 ・・・・・・・・・・・・・・・・・・・・ *18*
　2.3.1　電気力線　*18*
　2.3.2　ガウスの法則　*20*
　2.3.3　ガウスの法則の微分形　*23*

演習問題 ・・・・・・・・・・・・・・・・・・・・・・・・・・・・・・ *24*
コラム1：物理学の奇跡の年 ・・・・・・・・・・・・・・・・・・・・ *25*

第3章　静電ポテンシャル ・・・・・・・・・・・・・・・・・・・・・・・・・・・ *26*

3.1　座標系 ・・・・・・・・・・・・・・・・・・・・・・・・・・・・ *26*
　3.1.1　球座標　*27*
　3.1.2　円柱座標　*29*

3.2　静電ポテンシャルとラプラス−ポアッソン方程式 ・・・・・・・・ *30*
　3.2.1　静電ポテンシャル　*30*
　3.2.2　静電ポテンシャルの条件　*32*
　3.2.3　ラプラス−ポアッソン方程式　*33*

3.3　電気双極子のつくる場 ・・・・・・・・・・・・・・・・・・・・・・・ *34*

演習問題 ・・・・・・・・・・・・・・・・・・・・・・・・・・・・・・・・・・・・ *36*

コラム 2：ラプラス方程式の数値解法 ・・・・・・・・・・・・・・・・・ *38*

第 4 章　導体の周りの静電場 *39*

4.1　導体と静電誘導 ・・・・・・・・・・・・・・・・・・・・・・・・・・・・ *39*

4.2　導体の周りの静電場 ・・・・・・・・・・・・・・・・・・・・・・・・・ *43*

4.3　電気容量 ・・・・・・・・・・・・・・・・・・・・・・・・・・・・・・・・ *45*

　　　4.3.1　電気容量　*45*

　　　4.3.2　静電エネルギー　*47*

　　　4.3.3　電気容量係数と静電誘導係数　*47*

4.4　鏡像法 ・・・・・・・・・・・・・・・・・・・・・・・・・・・・・・・・・・ *50*

　　　4.4.1　導体板と点電荷　*50*

　　　4.4.2　導体球と点電荷　*52*

　　　4.4.3　一様な電場中の導体球　*53*

演習問題 ・・・・・・・・・・・・・・・・・・・・・・・・・・・・・・・・・・・・ *55*

第 5 章　誘電体中の静電場 *56*

5.1　電気分極と電束密度 ・・・・・・・・・・・・・・・・・・・・・・・・・ *56*

　　　5.1.1　分　極　*56*

　　　5.1.2　分極電荷　*58*

　　　5.1.3　電束密度　*60*

5.2　電気感受率と誘電率 ・・・・・・・・・・・・・・・・・・・・・・・・・ *61*

5.3　誘電体の境界条件 ・・・・・・・・・・・・・・・・・・・・・・・・・・ *63*

5.4　誘電体中の静電場のエネルギー密度 ・・・・・・・・・・・・・・・ *68*

演習問題 ・・・・・・・・・・・・・・・・・・・・・・・・・・・・・・・・・・・・ *71*

第 6 章　定常電流 *73*

6.1　電流と電流密度 ・・・・・・・・・・・・・・・・・・・・・・・・・・・・ *73*

　　　6.1.1　電　流　*73*

　　　6.1.2　電流密度　*74*

6.2　電荷保存則とキルヒホッフの第 1 法則 ・・・・・・・・・・・・・ *75*

6.3　オームの法則とジュール熱 ・・・・・・・・・・・・・・・・・・・・ *79*

　　　6.3.1　オームの法則と電気抵抗　*79*

　　　6.3.2　キルヒホッフの第 2 法則　*81*

　　　6.3.3　ジュールの法則　*82*

6.4　導体中の電流の分布 ・・・・・・・・・・・・・・・・・・・・・・・・・・・・・・・　84
演習問題 ・・・　85

第7章　定常電流と静磁場 ・・・・・・・・・・・・・・・・・・・・・・・・・・・・・・・・・・・　*87*

7.1　定常電流にはたらく力 ・・・・・・・・・・・・・・・・・・・・・・・・・・・・・・・　87
　　7.1.1　アンペール力　*87*
　　7.1.2　ローレンツ力　*89*
7.2　定常電流のつくる磁場 ・・・・・・・・・・・・・・・・・・・・・・・・・・・・・・・　*91*
　　7.2.1　エルステッドの実験　*91*
　　7.2.2　ビオ – サバールの法則　*92*
7.3　磁場に関する基本法則 ・・・・・・・・・・・・・・・・・・・・・・・・・・・・・・・　*95*
　　7.3.1　磁場に関するガウスの法則　*95*
　　7.3.2　アンペールの法則　*96*
7.4　ベクトルポテンシャル ・・・・・・・・・・・・・・・・・・・・・・・・・・・・・・・　*99*
　　7.4.1　ベクトルポテンシャル　*99*
　　7.4.2　ベクトルポテンシャルのラプラス – ポアッソン方程式　*103*
演習問題 ・・　*104*

第8章　磁性体中の磁場 ・・・・・・・・・・・・・・・・・・・・・・・・・・・・・・・・・・・・・　*106*

8.1　磁性体の磁気モーメント ・・・・・・・・・・・・・・・・・・・・・・・・・・・・・　*106*
　　8.1.1　物質の磁性　*106*
　　8.1.2　回転電流による磁気モーメント　*108*
8.2　磁性体の境界条件 ・・・・・・・・・・・・・・・・・・・・・・・・・・・・・・・・・・・　*111*
　　8.2.1　磁化ベクトルと磁化電流　*111*
　　8.2.2　磁性体を含む系のアンペールの法則　*113*
　　8.2.3　磁性体の境界条件　*116*
8.3　磁気回路 ・・　*120*
演習問題 ・・　*123*

第9章　電磁誘導 ・・　*125*

9.1　ファラデーの発見 ・・・・・・・・・・・・・・・・・・・・・・・・・・・・・・・・・・・　125
　　9.1.1　ファラデー　*125*
　　9.1.2　ファラデーの法則　*126*
9.2　ファラデーの電磁誘導の法則の一般化 ・・・・・・・・・・・・・・・　127
9.3　自己インダクタンスと相互インダクタンス ・・・・・・・・・・・　129
　　9.3.1　自己インダクタンス　*129*

9.3.2 相互インダクタンス　*131*

9.4 静磁場のエネルギー密度 ・・・・・・・・・・・・・・・・・・・・・ *133*

演習問題 ・・ *134*

コラム 3：ベクトルポテンシャル A と磁束密度 B ・・・・・・・ *135*

第10章　変位電流とマックスウェル方程式　*136*

10.1 変位電流 ・・・・・・・・・・・・・・・・・・・・・・・・・・・・・・・・・・・ *136*

10.1.1 アンペールの法則と電荷保存則　*136*

10.1.2 変位電流　*138*

10.2 マックスウェル方程式 ・・・・・・・・・・・・・・・・・・・・・・ *141*

10.3 電磁場のエネルギー保存則 ・・・・・・・・・・・・・・・・・ *144*

10.4 電磁ポテンシャル ・・・・・・・・・・・・・・・・・・・・・・・・・ *146*

演習問題 ・・ *147*

コラム 4：電場と磁場の相対性 ・・・・・・・・・・・・・・・・・・・・ *148*

第11章　電磁波の性質　*149*

11.1 電磁波の方程式 ・・・・・・・・・・・・・・・・・・・・・・・・・・・ *149*

11.2 1 次元平面波 ・・・・・・・・・・・・・・・・・・・・・・・・・・・・・ *151*

11.3 真空中の電磁波の性質 ・・・・・・・・・・・・・・・・・・・・・ *153*

11.3.1 電場と磁場の関係　*153*

11.3.2 電磁波のエネルギー　*155*

11.3.3 直線偏光と楕円偏光　*156*

演習問題 ・・ *158*

コラム 5：電磁波の予言者 ・・・・・・・・・・・・・・・・・・・・・・・・ *160*

付録A　ベクトル解析入門　*161*

A.1 ベクトルの定義 ・・・・・・・・・・・・・・・・・・・・・・・・・・・・ *161*

A.2 ベクトルの内積と外積 ・・・・・・・・・・・・・・・・・・・・・・ *162*

A.3 極性ベクトルと軸性ベクトル ・・・・・・・・・・・・・・・・ *164*

A.4 ベクトルの線積分，表面積分，体積積分 ・・・・・・・ *165*

参考文献 ・・ *168*

演習問題解答 ・・・・・・・・・・・・・・・・・・・・・・・・・・・・・・・・・・・・・・・ *169*

索　引 ・・・ *189*

基礎物理定数表

物理量	記号・数値・単位
真空中の光速度	$c = 2.99792458 \times 10^8$ m/s
真空の誘電率	$\varepsilon_0 = 8.8541878128 \times 10^{-12}$ F/m
真空の透磁率	$\mu_0 = 1.25663706212 \times 10^{-6}$ H/m
万有引力定数	$G = 6.67430 \times 10^{-11}$ N·m^2/kg^2
電気素量	$e = 1.602176634 \times 10^{-19}$ C
プランク定数	$h = 6.62607015 \times 10^{-34}$ J·s
	$\hbar = h/2\pi = 1.054571817 \times 10^{-34}$ J·s
アボガドロ定数	$N = 6.02214076 \times 10^{23}$ mol^{-1}
ボルツマン定数	$k = 1.380649 \times 10^{-23}$ J/K
電子の質量	$m_\mathrm{e} = 9.10938370 \times 10^{-31}$ kg
陽子の質量	$m_\mathrm{p} = 1.67262192 \times 10^{-27}$ kg
中性子の質量	$m_\mathrm{n} = 1.67492750 \times 10^{-27}$ kg
ボーア半径	$a_0 = 5.29177211 \times 10^{-11}$ m
ボーア磁子	$\mu_\mathrm{B} = e\hbar/2m_\mathrm{e} = 9.27401008 \times 10^{-24}$ J/T
電子の磁気モーメント	$\mu_\mathrm{e} = 9.2847647 \times 10^{-24}$ J/T

ベクトル解析の要点

電磁気学に関する現象は 3 次元空間で起こる．その正確な記述には，3 次元空間内のベクトルの知識が必要になる．本章では，電磁気学に必要なベクトル解析の要点をまとめて解説する[†]．

1.1 ベクトル場とスカラー場

1.1.1 ベクトル場とスカラー場

大学で初めて電磁気学を学ぶとき，読者が最初に戸惑うのは，「場」という概念ではないだろうか．電磁気学の教科書では当たり前のように電場とか磁場といった言葉が使われ，それらはベクトル量であると書いてある．高校数学では，「ベクトル」と「微分」をそれぞれ別々に学んでいるが，大学では，いきなりベクトルである電場や磁場を座標で微分したり積分したりするので，説明が必要であるように思われる．本節では，電磁気学を理解するのに必要な範囲で「場」の概念を解説する．一方，電磁気学では，「場」の概念を説明するときに，遠隔作用と近接作用の違いに触れるのが一般的であるが，これについては第 2 章で扱うことにする．

はじめに，デカルト座標 (Cartesian coordinates) (x, y, z) で表される 3 次元空間を考える．このような座標の関数で与えられる物理量が定義される空間の領域を「場」とよぶ．この「場」をつくる物理量はスカラー量であってもベクトル量であってもかまわない．ベクトルやスカラーで表される物理量が空間を埋め尽くすのである．

スカラー場 (scalar field) は，あるスカラー量 ϕ を用いて $\phi = \phi(x, y, z)$ と書くことができ，ベクトル場 (vector field) は，あるベクトル量 $\boldsymbol{E}$ を用いて $\boldsymbol{E} = \boldsymbol{E}(x, y, z)$ と書くことができる．このベクトル場 $\boldsymbol{E}(x, y, z)$ は，正確には，それらの成分 (E_x, E_y, E_z) がそれぞれ座標 (x, y, z) の関数であるので，

$$\boldsymbol{E}(x, y, z) = (E_x(x, y, z), E_y(x, y, z), E_y(x, y, z)) \tag{1.1}$$

と表されることになる．さらに，これらの量が時間とともに変化する場合，座標のほ

[†] ベクトル解析を学んでいない読者には，「付録 A ベクトル解析入門」を先に読むことを勧める．

かに時間 t の関数であることもある．このようにスカラー場やベクトル場では，それらの「場」の物理量が座標や時間の関数であることを知ると，座標や時間で微分や積分が可能であることが理解できる．

このように書くと抽象的に感じる読者もいるかもしれないので，身近な例をいくつか挙げる．たとえば，**図 1.1**(a) に示すような天気予報に出てくる気圧配置図（地図上に気圧の様子を等圧線で示したもの）は，2 次元スカラー場の可視化であり，その図中に長さをもった矢印で風向と風速を描き表すと，2 次元ベクトル場の可視化になる．また，図 (b) のような磁石の周りに砂鉄をまくと現れる磁力線 (magnetic field lines) は，磁場というベクトル場の可視化と考えることもできる．

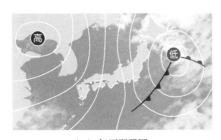

(a) 気圧配置図 　　　　　　　　　　　(b) 磁石の周りの砂鉄

図 1.1 場の可視化

この「場」という言葉は，英語では「field」である．電場や磁場，または風向と風速の場が与えられて，それらのベクトルを場所ごとに矢印で表すと，あたかも麦畑 (field) のような図ができるので，これを場 (field) と名付けたといわれている．この矢印が時間とともに変化するときには，麦の穂が風にそよぐ様子を連想させる．

1.1.2 スカラー場の勾配

図 1.2(a), (b) に示すような 2 次元スカラー場 $\phi(x, y)$ を考えよう．図 (a) には x 軸上 $(y = 0)$ のスカラー量 $\phi(x, 0)$ が，図 (b) には $\phi(x, y)$ の等高線が示してある．等高線が密な点では ϕ は急激に変化し，等高線が疎な点では ϕ は緩やかに変化する．ここで，この図がスキー場の斜面を表していると考えよう[†]．スキー板の方向を等高線と平行にすると，スキーヤーはその位置に静止し，下のほうに滑り落ちることはない．一方，できるだけ速く滑り下りたいときには，スキー板の方向を等高線に垂直に向ければよい．スキーヤーには斜面に沿った力が等高線に垂直方向にはたらいているからで

[†] 正確には高さはスカラー量ではないので，ϕ を重力の位置エネルギーと考えればよい．スカラーの定義については，付録 A.1 で解説している．

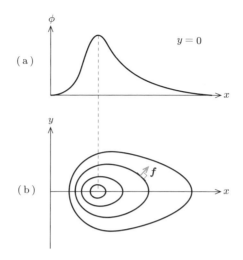

図 1.2　2 次元スカラー場

ある．このようなことは日常生活で体験できることであるが，これはまさに，電磁気学で電場（電荷にはたらく力）と等電位面が直交することと同じである．

　このスカラー場 $\phi(x, y)$ を重力による位置エネルギーと考えて，スキーヤーにはたらく力 $\boldsymbol{f}$ を計算しよう．(力) × (距離) = (仕事) の関係から，ある任意の点 (x, y) で x 方向と y 方向にはたらく力の成分は，位置エネルギー ϕ を座標（距離）で微分して，それぞれ，$f_x = -\partial\phi/\partial x$ と $f_y = -\partial\phi/\partial y$ のように与えられる．これらの合力がスキーヤーに作用する力のベクトルで，$\boldsymbol{f} = (-\partial\phi/\partial x, -\partial\phi/\partial y)$ となる（図 1.2(b) 参照）．先ほどの物理的な考察から，このベクトルは等高線に垂直になるはずである．この量 $\boldsymbol{f}$ は任意の点での斜面の最大勾配の大きさと方向に一致し，向きが逆になる．この理由は，力は位置エネルギーが減少する方向にはたらくのに対して，勾配の符号は値が増加する方向を正にとるからである．以上のことから，スカラー場 ϕ を座標 x, y, z の関数とすると，勾配は，ベクトル量で

$$\mathrm{grad}\,\phi(x, y, z) = \left(\frac{\partial\phi}{\partial x}, \frac{\partial\phi}{\partial y}, \frac{\partial\phi}{\partial z}\right) \tag{1.2}$$

と表すことができる．さらに，ナブラ (nabla) とよばれるベクトル演算子 ∇ を

$$\nabla = \left(\frac{\partial}{\partial x}, \frac{\partial}{\partial y}, \frac{\partial}{\partial z}\right) \tag{1.3}$$

と定義すると，$\mathrm{grad}\,\phi = \nabla\phi$ と書くこともできる．これがスカラー場の勾配 (gradient) である．この式は，スカラー場 ϕ からベクトル場 $\nabla\phi$ がつくられることを示しており，両者の関係を表す式としても重要である．

1.2 ベクトル場の発散とガウスの定理

1.2.1 ベクトル場の発散

　発散とは，たとえば定常流（時間に依存しない一定の流れ）を表すベクトル場があるとき，任意のある場所でその流体が増えたり減ったりすることを与える量である．簡単のために，**図 1.3** に示すような 1 次元流体の定常的な流れ密度 $A_x(x)$ を考えよう．座標を x とする．いま，x と $x + \mathrm{d}x$ の間の領域を考える．単位時間あたりにこの領域に左から流れ込む量は $A_x(x)$ で，右に流れ出る量は $A_x(x + \mathrm{d}x)$ で与えられる．もし，この領域内で流れが増えたり減ったりすると，単位長さあたりの増加（生成）量は，領域の長さ $\mathrm{d}x$ で割って，

$$\frac{A_x(x + \mathrm{d}x) - A_x(x)}{\mathrm{d}x} \tag{1.4}$$

で与えられる．$\mathrm{d}x \to 0$ の極限を考えれば式 (1.4) は $\mathrm{d}A_x(x)/\mathrm{d}x$ となり，これが 1 次元系の発散である．これを 3 次元に拡張すると，ベクトル場 $\boldsymbol{A}(x, y, z)$ の発散 (divergence) は，

$$\mathrm{div}\boldsymbol{A} = \nabla \cdot \boldsymbol{A} = \frac{\partial A_x}{\partial x} + \frac{\partial A_y}{\partial y} + \frac{\partial A_z}{\partial z} \tag{1.5}$$

とスカラーで表すことができる．しかしながら，この 1 次元から 3 次元への拡張には飛躍があってわかりにくい．以下では，直観的に理解が可能な幾何学的な定義を示そう．

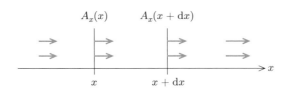

図 1.3　1 次元流体の定常的流れ

　上述の 1 次元系の説明を 3 次元系に拡張するならば，**図 1.4** に示すような 3 次元空間のある体積 V，表面積 S の領域を考えればよい．この領域の表面のある点の面積要素を $\mathrm{d}S$ とし，その点で領域外向きにとった単位法線ベクトルを $\boldsymbol{n}$ とする．流れ密度の場 $\boldsymbol{A}$ があるとき[†]，単位時間あたり，面積要素 (area element) $\mathrm{d}S$ を通って領域の外に流れ出る量は $\boldsymbol{A} \cdot \boldsymbol{n} \, \mathrm{d}S$ と書けるので，表面全体からの流出量は，$\boldsymbol{A} \cdot \boldsymbol{n} \, \mathrm{d}S$ を表面全体にわたって足し合わせればよい．（単位時間）単位体積あたり，ある領域からの

[†]　流れ密度ベクトル $\boldsymbol{A}$ は，そのベクトルの方向に垂直な単位断面積あたりの流れの量として定義される．

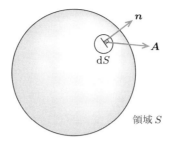

図 1.4 領域 S から流れる流体

流出量は，この合計を体積 V で割れば得られる．したがって，発散の定義は，$V \to 0$ の極限をとって，

$$\operatorname{div} \boldsymbol{A} = \lim_{V \to 0} \frac{1}{V} \int_S \boldsymbol{A} \cdot \boldsymbol{n} \, \mathrm{d}S \tag{1.6}$$

となる．このように定義すると，発散の幾何学的な意味が明確になる．実際に計算をするときには式 (1.5) の定義は便利であるが，幾何学的な意味がわかりにくい．その幾何学的な意味を示しているのが式 (1.6) となる．この式 (1.5) と式 (1.6) が等価であることの説明は，演習問題 1.1 を参照されたい．

1.2.2 ガウスの定理

ベクトル解析には，ベクトル場 $\boldsymbol{A}$ のある領域内における表面積分を体積積分に書き換える便利な数学公式が存在する．この公式はガウスの定理 (Gauss' theorem) とよばれている．以下では，数学的な正確さはひとまずおいておき，幾何学的な直観を使ってこのガウスの定理を導出しよう．

図 1.5 に示すようなベクトル場 $\boldsymbol{A}$ の中の体積 V，表面積 S の領域を考えて，それを小さい領域に分割する．分割されたセルに番号 i を付けて，i 番目のセルの体積と表

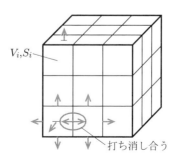

図 1.5 ベクトル場の中の閉曲面

面積を V_i と S_i とする．もし分割されたセルがそれぞれ十分小さいとすると，それぞれのセルでは式 (1.6) が成り立つ．

$$\int_{S_i} \boldsymbol{A} \cdot \boldsymbol{n} \, \mathrm{d}S = (\mathrm{div}\, \boldsymbol{A})V_i \tag{1.7}$$

この式の両辺について，i で和をとると，

$$\sum_i \int_{S_i} \boldsymbol{A} \cdot \boldsymbol{n} \, \mathrm{d}S = \sum_i (\mathrm{div}\, \boldsymbol{A})V_i \tag{1.8}$$

となる．図を見ると，左辺の表面積分の和は隣り合ったセルとの境界面でたがいに打ち消し合っているので，結果的に最表面の表面積分に置き換えることができる．また，右辺の和はセルが十分に小さく分割されていれば体積積分で書き換えることができる．以上のことを考慮すると，次のような恒等式が得られる．

$$\int_S \boldsymbol{A} \cdot \boldsymbol{n} \, \mathrm{d}S = \int_V \nabla \cdot \boldsymbol{A} \, \mathrm{d}V \tag{1.9}$$

これがガウスの定理である．一方，第 2 章ではガウスの法則 (Gauss' law) という概念を学ぶことになるが，こちらにもガウスの名前が使われていてまぎらわしい．この混乱を避けるために，本節で扱った数学公式をガウスの定理，第 2 章で学ぶ物理法則をガウスの法則とよぶことにする．

1.3 ベクトル場の回転とストークスの定理

1.3.1 ベクトル場の回転

最初に，**図 1.6** に示すような剛体の回転を考えよう．一般に，回転運動をもっとも特徴付けるものは回転軸である．3 次元空間内での剛体の回転軸の方向は x, y, z の 3 つの自由度をもつので，回転運動は回転軸方向に成分をもつベクトルで表現できる．たとえば，回転を表すベクトルとしては，角速度ベクトル $\boldsymbol{\omega}$ や角運動量ベクトル $\boldsymbol{L}$ な

図 1.6 剛体の回転

どがある[†].

　ベクトル場の回転とは，たとえば，流れ密度のベクトル場があるときの渦のような
ものを表す量である．直観的には，流れ密度の場がある場合の回転は，ある方向に回
転軸をもつ小さな水車をベクトル場中に置いたとき，その水車がどれくらい回転する
かを表す量と考えればよい．ベクトル場の回転もまたベクトル量で表現されて，回転
ベクトルの方向は回転軸の方向を表すことになる．水車がまったく回転しなければ，
その軸に沿った回転ベクトルの成分はゼロになる．ただし，**図 1.7** に示すようなせん
断流れの場がある場合，一見渦がないように見えても水車は回転する．この場合，回
転ベクトルは有限の値をもつことになる．もし水車の回転軸をデカルト座標の x, y, z
軸それぞれの方向に一致させれば，回転ベクトルは x, y, z 成分で表現できる．

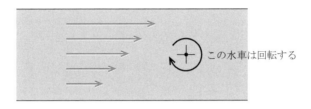

図 1.7　せん断流れの場

　前節と同様に，計算に便利な回転の定義と，幾何学的意味がわかりやすい回転の定
義の両方を示そう．いま，デカルト座標の基本単位ベクトルを e_x, e_y, e_z とすると，前
者の定義は以下のように与えられる．

$$
\mathrm{rot}\,\boldsymbol{A} = \nabla \times \boldsymbol{A} = \begin{vmatrix} \boldsymbol{e}_x & \boldsymbol{e}_y & \boldsymbol{e}_z \\ \dfrac{\partial}{\partial x} & \dfrac{\partial}{\partial y} & \dfrac{\partial}{\partial z} \\ A_x & A_y & A_z \end{vmatrix}
$$

$$
= \left(\frac{\partial A_z}{\partial y} - \frac{\partial A_y}{\partial z} \right) \boldsymbol{e}_x + \left(\frac{\partial A_x}{\partial z} - \frac{\partial A_z}{\partial x} \right) \boldsymbol{e}_y + \left(\frac{\partial A_y}{\partial x} - \frac{\partial A_x}{\partial y} \right) \boldsymbol{e}_z
$$

$$(1.10)$$

これがベクトル場 $\boldsymbol{A}(x, y, z)$ の回転 (rotation) である．記号 rot の代わりに，記号 curl
を用いる教科書もある．

　次に，幾何学的意味が直観的にわかりやすい方法でベクトル場の回転を定義しよう．
ここまで，小さな水車の回転を使って説明してきたが，単純化のために，**図 1.8** に示

---

† これらのベクトルは外積で定義されるので，正確にはふつうの極性ベクトルとは異なる．このようなベクト
　ルは，軸性ベクトルとよばれている．これについては付録 A で解説している．

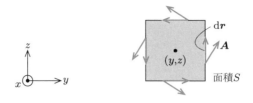

図 1.8 点 (y, z) の周りのベクトル場の回転

すような x 軸に垂直な面内の面積要素を考えることにする．この面積要素を回転させ
ようとする流れの寄与は，その面積要素の境界線に沿って線素ベクトル $\mathrm{d}\boldsymbol{r}$ とベクト
ル場 $\boldsymbol{A}$ の内積を足し合わせればよい．図 1.8 の場合には，

$$\oint_{yz\,面} \boldsymbol{A} \cdot \mathrm{d}\boldsymbol{r} \tag{1.11}$$

となる．この周回積分はベクトルの x 成分を与えるので，周回積分の回転の向きは，
右ネジが進む方向が x 軸になるようにとることにする．この周回積分の大きさは，経
路で囲まれる面積に比例するので，式 (1.11) を面積 S で割って $S \to 0$ の極限をとっ
たものが，回転（の x 成分）の定義であり，幾何学的意味もわかりやすい．すなわち，

$$\mathrm{rot}\,\boldsymbol{A}|_x = \lim_{S \to 0} \frac{1}{S} \oint_{yz\,面} \boldsymbol{A} \cdot \mathrm{d}\boldsymbol{r} \tag{1.12}$$

同様に，y, z 成分の定義も，

$$\mathrm{rot}\,\boldsymbol{A}|_y = \lim_{S \to 0} \frac{1}{S} \oint_{zx\,面} \boldsymbol{A} \cdot \mathrm{d}\boldsymbol{r} \tag{1.13}$$

$$\mathrm{rot}\,\boldsymbol{A}|_z = \lim_{S \to 0} \frac{1}{S} \oint_{xy\,面} \boldsymbol{A} \cdot \mathrm{d}\boldsymbol{r} \tag{1.14}$$

で与えられる．ここで示した式 (1.10) と式 (1.12)〜(1.14) の 2 つの回転の定義が等価
であることは，演習問題 1.2 で示される．

1.3.2 ストークスの定理

　ベクトル場 $\boldsymbol{A}$ における線積分を表面積分に書き換える便利な数学公式がある．この
公式はストークスの定理 (Stokes' theorem) とよばれている．以下では数学的な正確
さはひとまずおいておき，幾何学的な直観を使ってストークスの定理を説明しよう．

　図 1.9 に示すような xy 面内の周囲の長さ l，表面積 S のある領域を考えて，それを
小さい領域に分割する．分割されたセルに番号 i を付けて，i 番目のセルの周囲長と表
面積を l_i と S_i とする．もし分割された領域が十分に小さいとすると，それぞれのセ
ルでは式 (1.14) が成り立つので，

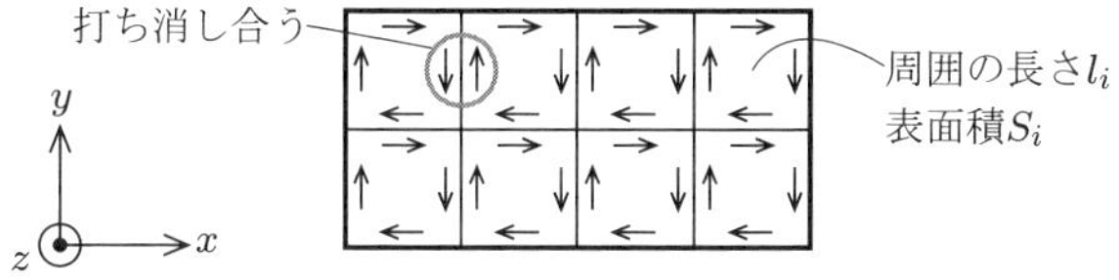

打ち消し合う

周囲の長さl_i
表面積S_i

図 1.9　ベクトル場中のある閉曲線

$$\oint_{l_i} \boldsymbol{A} \cdot \mathrm{d}\boldsymbol{r} = (\nabla \times \boldsymbol{A}) \cdot \boldsymbol{n}\, S_i \tag{1.15}$$

と書くことができる．ここで，$\boldsymbol{n}$ は xy 面の単位法線ベクトルである．i についての和をとると，

$$\sum_i \oint_{l_i} \boldsymbol{A} \cdot \mathrm{d}\boldsymbol{r} = \sum_i (\nabla \times \boldsymbol{A}) \cdot \boldsymbol{n}\, S_i \tag{1.16}$$

となる．図をみると，左辺の線積分の和は隣り合ったセルとの境界線上でたがいに打ち消し合っているので，結果的に最外周の線積分に置き換えることができる．また，右辺の和はセルが十分に小さく分割されていれば表面積分で書き換えることができる．以上のことを考慮すると，次のような恒等式が得られる．

$$\oint_l \boldsymbol{A} \cdot \mathrm{d}\boldsymbol{r} = \int_S (\nabla \times \boldsymbol{A}) \cdot \boldsymbol{n}\, \mathrm{d}S \tag{1.17}$$

この式がストークスの定理である．

演習問題

1.1　ベクトル場の発散の定義には，以下に示すように 2 種類あることが知られている．両者が等価であることを示せ．

$$\mathrm{div}\, \boldsymbol{A} = \frac{\partial A_x}{\partial x} + \frac{\partial A_y}{\partial y} + \frac{\partial A_z}{\partial z}, \quad \mathrm{div}\, \boldsymbol{A} = \lim_{V \to 0} \frac{1}{V} \int_S \boldsymbol{A} \cdot \boldsymbol{n}\, \mathrm{d}S$$

1.2　ベクトル場の回転の定義には，以下に示すように 2 種類あることが知られている．両者が等価であることを示せ．

$$\mathrm{rot}\, \boldsymbol{A} = \begin{vmatrix} \boldsymbol{e}_x & \boldsymbol{e}_y & \boldsymbol{e}_z \\ \dfrac{\partial}{\partial x} & \dfrac{\partial}{\partial y} & \dfrac{\partial}{\partial z} \\ A_x & A_y & A_z \end{vmatrix}, \quad \begin{cases} \mathrm{rot}\, \boldsymbol{A}|_x = \lim\limits_{S \to 0} \dfrac{1}{S} \oint_{yz\,面} \boldsymbol{A} \cdot \mathrm{d}\boldsymbol{r} \\[2mm] \mathrm{rot}\, \boldsymbol{A}|_y = \lim\limits_{S \to 0} \dfrac{1}{S} \oint_{zx\,面} \boldsymbol{A} \cdot \mathrm{d}\boldsymbol{r} \\[2mm] \mathrm{rot}\, \boldsymbol{A}|_z = \lim\limits_{S \to 0} \dfrac{1}{S} \oint_{xy\,面} \boldsymbol{A} \cdot \mathrm{d}\boldsymbol{r} \end{cases}$$

1.3　次の式を証明せよ．

(a)　$\nabla \cdot (\boldsymbol{A} \times \boldsymbol{B}) = \boldsymbol{B} \cdot (\nabla \times \boldsymbol{A}) - \boldsymbol{A} \cdot (\nabla \times \boldsymbol{B})$

(b)　$\nabla \times (\nabla \times \boldsymbol{A}) = \nabla(\nabla \cdot \boldsymbol{A}) - \nabla^2 \boldsymbol{A}$

1.4　位置ベクトルを $\boldsymbol{r} = (x, y, z)$ とするとき，$\nabla \cdot \boldsymbol{r} = 3$, $\nabla \times \boldsymbol{r} = 0$ を示せ．

1.5　空間座標 $(a, 0, 0)$, $(0, b, 0)$, $(0, 0, c)$ を通る平面の方程式を求めよ．

2 電荷と静電場

本章では，2 つの点電荷の間の相互作用であるクーロンの法則を説明し，近接作用の考え方を導入して電場を定義する．また，電場に関する基本法則であるガウスの法則について解説する．

2.1 電荷とクーロンの法則

2 本のガラス棒を絹でよく擦って近づけると，たがいに反発し合う．また，2 本のエボナイト棒を毛皮で擦って近づけると，これらも反発し合う．次に，このガラス棒とエボナイト棒を近づけると引力がはたらく．このような作用の原因を電気 (electricity) といい，この電気の量を電荷 (electric charge) または電気量という．SI 単位系では，電荷の単位には [C]（クーロン）が使われ，2019 年までは，電荷よりも測定が容易な電流[†1] を用いて定義されていた[†2]．電荷 1 [C] は 1 [A] の電流が 1 [s] 間に運ぶ電荷の量に等しい．したがって，1 [C] = 1 [A · s] となる．

そして，物体がこのように電気作用をもつことを，帯電 (charging) しているという．いまの場合，帯電の原因は摩擦にある．摩擦によって発生した電気のことを摩擦電気 (triboelectricity)（静電気ともいう）とよぶ．いろいろな物体の摩擦電気の作用を調べた結果，電荷は正か負のどちらかであり，それ以外の種類の電荷は存在しないことがわかっている．したがって，電荷は正と負の 2 種類に分類することができて，異符号の電荷の間には引力がはたらき，同符号の電荷の間には斥力がはたらく．さらに，この電荷は，巨視的に見て中和されたり，導体を伝わって移動したり，イオンとなって正負に分かれたりすることがあるが，限られた領域の中の全電気量は，領域の中に変化があっても，領域の外との間に電気量の出入りがない限り一定である．これを電荷保存則 (law of conservation of charge) という．第 10 章で説明するように，電荷保

[†1] 国際度量衡委員会 (CIPM) によって，新しい SI 基本単位が 2019 年に施行された．それ以前は，電流の単位 [A]（アンペア）は，2 つの平行電流間にはたらく力として決められていた．電流と力の関係については，7.2 節で説明する．

[†2] 2019 年に施行された新しい SI 単位の定義によると，電気素量（電子の電荷の大きさ）を $e = 1.602176634 \times 10^{-19}$ C と定義することによって，電流が設定される．

存則も電磁気学の基本法則から導くことができる.

　次に，電荷間にはたらく力を定式化しよう．**図 2.1** に示すように，真空中に存在する 2 個の点電荷[†]（電荷は q_1, q_2）を考える．原点 O を基準に，それらの位置ベクトルを，それぞれ r_1, r_2 とする．電荷 q_2 にはたらく力 F は，

$$F = \frac{q_1 q_2}{4\pi\varepsilon_0 |R|^2} \cdot \frac{R}{|R|} \tag{2.1}$$

で与えられる．これがクーロンの法則 (Coulomb's law) である．ここで，$R = r_2 - r_1$，定数 $\varepsilon_0 = 8.8542 \times 10^{-12}\,[\mathrm{C^2/(N \cdot m^2)}]$ は真空の誘電率 (permittivity of vacuum) とよばれている．また，式 (2.1) のように電荷間にはたらく力をクーロン力 (coulomb force) とよぶ．

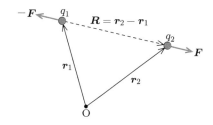

図 2.1　2 つの点電荷にはたらく力

　日常生活では，静電気のもっている力は，せいぜい紙片を引き付ける程度であって，非常に小さいことは誰でも知っている．一方で，電力会社が供給する電気の力は非常に強くて，電車や電気自動車を動かすこともできる．雷のエネルギーも無視することはできない．この電荷間にはたらく力をどのように理解すればよいのだろうか．実は，通常現れる静電気は帯電した電気量が単に小さいだけであって，電気の力は，問題設定にもよるが，とんでもなく大きくなることがある．これを確かめるために，以下の例題を考えよう．

例題 2.1　1 円玉は 1 g のアルミニウム (Al) からできている．いま，1 円玉を構成する Al 原子の原子核と電子の電荷のバランスが 1 ppm（100 万分の 1）だけ ＋ 側にずれて，帯電したとする．**図 2.2** のように，＋ に帯電した 1 円玉 2 つを $r = 1\,\mathrm{m}$ 離れて置いたとき，それらにはどれくらいの力がはたらくかを求めよ．Al の原子番号 Z と原子量 W は，$Z = 13, W = 27.0$ である．計算には，アボガドロ数 ($N = 6.02 \times 10^{23}$)，電気素量 ($e = 1.60 \times 10^{-19}\,\mathrm{C}$) および真空の誘電率 ($\varepsilon_0 = 8.85 \times 10^{-12}\,\mathrm{C^2/(N \cdot m^2)}$) の値を用いよ．

[†] 考えている系の大きさに比べて十分に小さい帯電体のことを，力学の質点と同様に，点電荷とよぶ.

図 2.2 帯電した 1 円玉にはたらく力

解答 1g の Al 中の原子核の電荷の合計 Q は,

$$Q = \frac{NZe}{W} = \frac{6.02 \times 10^{23} \times 13 \times 1.60 \times 10^{-19}}{27.0} = 4.64 \times 10^4 \text{ C}$$

となる. いま, この電荷の 1 ppm (10^{-6}) が帯電に寄与しているので, 1 円玉にはたらく力 F は, クーロンの法則を用いて,

$$F = \frac{(10^{-6}Q)^2}{4\pi\varepsilon_0 r^2} = \frac{(4.64 \times 10^{-2})^2}{4 \times 3.14 \times 8.85 \times 10^{-12} \times 1^2} = 1.94 \times 10^7 \text{ N}$$

となり, この力は, およそ 2000 トンの物体にはたらく重力に等しい. これから, 電気の力が非常に大きいことがわかると同時に, 通常の帯電では物質の原子核と電子の電気的中性条件はほとんど破れていないことが理解できる.

再び式 (2.1) のクーロンの法則に戻ろう. この法則のもっとも重要な特徴は, 電荷間にはたらく力の大きさが 2 点間の距離の -2 乗に比例するということである. この逆 2 乗のべき「2」は, 10^{-9} の精度で正しいことがプリンプトン (S. J. Plimpton) とロートン (W. E. Lawton) の精密な実験によって確かめられている (1936 年). また, このクーロンの法則は, 少なくとも 10^{-10} m(原子の大きさ)から実験室の大きさにわたって正確さを保つと考えられていて, 今日では絶対に成り立つ根本法則であると信じられている.

一方, 万有引力の法則も逆 2 乗の法則であり, この逆 2 乗の法則には何か特別な意味があるように思われる. 以下の例題では, この逆 2 乗の意味について考える.

例題 2.2 太陽から放射されるエネルギーを考えよう. いま, 太陽から毎秒 Q [J/s] の光のエネルギーが放出されているとする. 太陽からの距離 r の場所で受ける, 単位時間, 単位面積あたりのエネルギー q [J/(s·m^2)] を求めよ.

解答 図 **2.3** に示すように，q を $4\pi r^2$ 倍すると，Q になる．

$$Q = 4\pi r^2 q$$

したがって，

$$q = \frac{Q}{4\pi r^2}$$

と求められる．

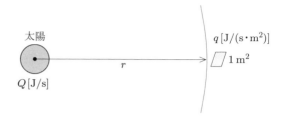

図 2.3　太陽から放出されるエネルギー

例題 2.2 の結果も逆 2 乗の法則を示している．これは，太陽から放出されるエネルギーは，真空中では消えたりなくなったりしないが，太陽から遠ざかるにつれて，間の空間の大きさが広がり，その分だけエネルギーが弱まるときに，逆 2 乗則が表れることを示している．クーロンの法則の場合，点電荷の電気力線† はほかの電荷がない限り，宇宙の果てまでなくなることはない．点電荷からの距離が大きくなって，空間が広がった分だけ，電気力線の間隔が広くなり，その分だけ電場が弱くなると考えれば逆 2 乗則が理解できる．この逆 2 乗則は，われわれが暮らしている 3 次元空間の特徴であるともいえる．3 次元空間では，距離 r の増加にともなって，球の表面積が $4\pi r^2$ で増加し，その表面での密度は $1/4\pi r^2$ で減少する．2.3 節で詳しく述べるが，このように逆 2 乗則の成り立ちを知ることは，クーロンの法則とガウスの法則の関係を理解するうえで重要である．

②.2 遠隔作用と近接作用

一般に，離れて存在する 2 つの物体間に作用する力を考えるとき，何もない空間を通して瞬時に物体間に直接力がはたらく場合，この力を遠隔作用 (action at a distance) の力とよぶ．一方，それらの物体のもつ電荷のような性質によって，物体の周りの空間が何らかの変化を示し，その変化した状態がある速度で空間を伝わって力が作用する場合には，この力を近接作用 (action through medium) の力とよぶ．前節のクーロンの法則は，式 (2.1) だけを見ると 2 点間の距離だけに依存しているので，遠隔作用の立場でも説明できそうである．はたしてクーロン力は，本当に遠隔作用の力なのだろうか．

このことを考察するために，次のようなモデルを考えよう．**図 2.4** に示すように，水面に 2 つの軽い小球を浮かべる．小球の周りの水面はへこんで，ゆがんだ状態にな

---

† 電気力線は，第 1 章で説明した磁力線の電気版である．電気力線の詳細な説明は，2.3 節で行う．

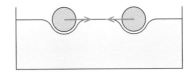

図 2.4　水面に浮かんだ 2 つの小球

る．次に，小球を静止させてから手を放してみると，水面の表面張力を小さくするために，小球間にはあたかも引力がはたらいたかのように引き合って，たがいに接触する．仮に，観測者にはこの水が見えないものとすると，2 つの小球の間には引力がはたらいているように感じられることになる．このような状況であれば，近接作用の力と考えることができるであろう．19 世紀には，クーロン力は近接作用の力であり，空間には何らかの媒質があって，電荷をもってくるとその周りの媒質の状態が変化し，その状態の変化が空間を伝わって，ほかの電荷に力を及ぼすと考えられた．

　以上の説明はもっともらしく聞こえるが，クーロン力の説明に近接作用を用いるには，実験的な証拠が必要である．これについて，思考実験 (Gedankenexperiment) してみよう．いま，空間の中にただ 1 個の帯電した小球があるとする．遠隔作用の場合には，2 個の電荷が存在して初めて力がはたらくので，1 個の帯電した小球だけでは何も起こらない．したがって，**図 2.5** のようにただ 1 個の小球を激しく振動させたとしても，周りの空間では何も起こらないであろう．

　一方，近接作用の場合には，ただ 1 個の帯電した小球であっても小球の周りの空間の状態は変化する．**図 2.6** のような水面のモデルで考えるならば，小球を激しく振動させると水面の変化は波動として四方に広がっていくであろう．これは近接作用の考え方で初めて得られる結論であって，このとき，伝播する波動が電磁波や光なのである．今日では，この電磁波や光の実在を疑うことはできないので，現在の電磁気学は近接作用の立場でつくられている（電磁波と光については第 11 章で説明する）．

　光を伝える媒質は，17 世紀に，フック (R. Hooke) がエーテル (ether) と名付けた[†]

図 2.5　帯電した小球の振動

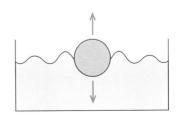

図 2.6　水面上の小球の振動

[†] このエーテルは有機化学で出てくるエーテルとは直接関係ないことに注意しておく．

（当時，光は知られていたが電磁波は知られていなかった）．次に，このエーテルの存在について考えよう．エーテルの実在を確かめる1つの方法は，地球のエーテルに対する速度を測定することである．電磁波はエーテルを伝播する波動と考えられていたので，このエーテルに対して一定の速度で伝播するはずである．一方，地球はエーテルに対して何らかの運動をしていると考えるのがふつうである．したがって，地球上で電磁波の速度を測れば，その速度は電磁波の進行方向によって違って見えるはずである．その違いから地球のエーテルに対する速度を求めることができる．1887年にマイケルソン（A. A. Michelson）とモーリー（E. W. Morley）は，地球上で電磁波（光）の速度を正確に測定したが，電磁波の速度は測定方向によって変化しないという結果が得られた．つまり，地球はエーテルに対していつも静止しているというのである．これはエーテルが存在すると考える限り，受け入れられない結果である．そうして，結局，電磁波は存在するのに，その媒質であるエーテルの存在が否定され，**すべての慣性系において光の速度は一定である**ということが受け入れられるようになっていった．

しかし，どの慣性系から見ても速度が一定という考え方は，古典力学で相対速度を扱うガリレイ変換と矛盾する考え方である．19世紀の終わりごろには，この矛盾を解決するために新しい物理学が必要となった．このような時代背景において，「すべての慣性系において光の速度は一定である」という光速度不変の原理から組み立てられた有名な理論が，1905年に発表されたアインシュタインの特殊相対性理論（special theory of relativity）である．

話をエーテルに戻そう．実験によって，エーテルの存在が否定されたわけであるが，19世紀の物理学者がエーテルの存在を仮定した理由は，真空をまったく何もない空虚な広がりと考えたからである．今日の物理学では，真空はそれ自身の特徴として電磁波を伝える性質をもつと考えられていて，クーロン力は真空を媒質とする近接作用の立場で構築されることになったのである．以上のことから，電磁気学とは，真空中に実在する電場と磁場の性質を研究する学問と言えるかもしれない．

これまでの説明でわかるように，近接作用の考え方から，真空中に電荷が存在すると，その周りの真空は変化する．この電荷の存在によって変化した真空の状態を電場（electric field）$\boldsymbol{E}(x, y, z)$ とよぶ．とくに，電場が時間に依存しないとき，これを静電場（static electric field）とよぶ．電荷によって周りの空間に電場が伝えられ，ある場所 (x, y, z) に別の電荷 q を置くと，その電荷にクーロン力 $\boldsymbol{F}$ が作用すると考える．

$$\boldsymbol{F}(x, y, z) = q\boldsymbol{E}(x, y, z) \tag{2.2}$$

すなわち，電場 $\boldsymbol{E}$ 中に正電荷 q を置くと電場と同じ向きに力を受け，負電荷 $-q$ を置くと電場と逆向きに力を受ける．このように考えると，図2.1のような場合，点 (x, y, z)

につくられる電場は,

$$\boldsymbol{E}(x,y,z) = \frac{q_1}{4\pi\varepsilon_0 |\boldsymbol{R}|^2} \cdot \frac{\boldsymbol{R}}{|\boldsymbol{R}|} \tag{2.3}$$

と表すことができる. ここで, $\boldsymbol{R} = \boldsymbol{r}_2 - \boldsymbol{r}_1$ であり, $\boldsymbol{r}_2 = (x,y,z)$ とした.

電場 $\boldsymbol{E}$ は任意の点に単位電荷を置いたときにはたらく力という意味ももっており, 力を表しているので, ベクトルによる表現が必要になる[†1]. 式 (2.2) より, 電場の単位は [N/C] となることもわかる.

ここで, 電場のもつ重要な性質をもう 1 つ説明しよう. これは, **重ね合わせの原理** (superposition principle) とよばれる. ある点の電場は, いろいろな電荷の寄与によってつくられることが知られている. これらの電場をベクトル的に足し合わせてよいということを保証しているのがこの原理である.

この重ね合わせができることと, 電場が満たすべきマックスウェル方程式[†2] が線形微分方程式であることとは等価である. さらに, 電磁波の電場も足し合わせることができて, 電磁波が干渉するということも, この重ね合わせの原理が保証していることになる.

例題 2.3 無限に広い帯電したシートを考える. 面電荷密度を $\sigma\,[\mathrm{C/m^2}]$ とする. シート上の微小面積に存在する電荷がつくる電場を重ね合わせて, シートから $r\,[\mathrm{m}]$ 離れた場所の電場を求めよ.

解答 図 **2.7** のように, シートから垂直に r 離れた位置を点 A, その位置をシートに射影した点を原点 O とする. シート内の半径 a と $a + \mathrm{d}a$ の間のリングの部分の電荷を $\mathrm{d}Q$, 点 A からリングまでの距離を ρ とする. 図のように, リング状に分布した電荷が点 A につくる電場は円錐形に分布し, それらを重ね合わせると, シートに対して垂直な成分だけが有限の値をもつことになる. 図の θ を用いて, リング状に分布した電荷のつくる電場の z 成分 $\mathrm{d}E_z$ を重ね合わせた電場を $\mathrm{d}E$ とすると,

$$\mathrm{d}E = \frac{\mathrm{d}Q \cos\theta}{4\pi\varepsilon_0 \rho^2}$$

と書ける. 図から, $\rho = r/\cos\theta$, $\mathrm{d}Q = 2\pi\sigma a\,\mathrm{d}a$, $a = r\tan\theta$ が得られる. a を θ で微分すると, $\mathrm{d}a = r\sec^2\theta\,\mathrm{d}\theta$ となる. これらを代入すると, 微小電荷は $\mathrm{d}Q = 2\pi r^2 \sigma \sin\theta\,\mathrm{d}\theta/\cos^3\theta$ となる. これらの式を上の電場の式に代入すると

[†1] 現実には, ある場所に 1 C の電荷を置くと, その電荷によって周りの電荷が力を受けて移動し, 電場の値が変化してしまうので, 厳密には, 無限小の電荷を置いたときに受ける力を 1 C あたりに換算する, と定義しなくてはいけないことに注意する.

[†2] 電磁気学の基本法則は, 4 つの連立微分方程式の形式で表現されるマックスウェル方程式である (第 10 章参照). 本書の大部分はマックスウェル方程式の説明に充てられている. ここで, マックスウェル方程式には積分形式で表した等価な表現があることにも注意しておく.

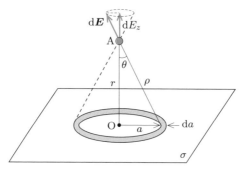

図 2.7　帯電したシート

$$E = \frac{\sigma}{2\varepsilon_0} \int_0^{\pi/2} \sin\theta \mathrm{d}\theta = \frac{\sigma}{2\varepsilon_0} [-\cos\theta]_0^{\pi/2} = \frac{\sigma}{2\varepsilon_0}$$

が得られる.

注意　この問題の別解は, 例題 2.5 に示されている.

2.3　電気力線とガウスの法則

2.3.1　電気力線

　前節では, 空間に電荷（または電荷の分布）が存在するとき, 電場 $\boldsymbol{E}$ が定義できることを示した. 本節では, ベクトル場である電場の性質について考えよう. この電場を容易に可視化できるものとして, よく知られた電気力線 (line of electric force) がある. 多くの読者は子供の頃に, 砂鉄を紙の上に広げて磁石を近づけると現れる「磁力線」という幾何学模様を見たと思うが, 電気力線は磁力線の電気版だと思えばよい. ここでは, 電場の物理的性質を明らかにしたいので, 以下のように電気力線を定量的に定義しよう.

(i)　電気力線は正の電荷から出て負の電荷に入る. 電荷が存在しない場所では, 電気力線は途切れたり, 消えたりしない.

(ii)　$\pm Q\,[\mathrm{C}]$ の電荷からは, Q/ε_0 本の電気力線が出入りする.

(iii)　電気力線の接線がその点における電場の方向を与える.

(iv)　電気力線に垂直な面に対する電気力線の本数の面密度が電場の強さを与える.

ここで, ε_0 は真空の誘電率である. この定義の中には, 電場と電荷に関する定量的な定義が含まれている. ここでは, とくに定義 (ii) と (iv) の定量的な整合性について確認しておこう. 簡単のために, **図 2.8** に示すような原点に存在する電荷 $Q(>0)$ の点

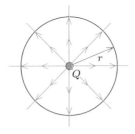

図 2.8　点電荷の電気力線

電荷が示す電気力線を考える．仮想的に半径 r の球面を考えて，その球面を貫く電気力線の本数を，定義 (ii) と (iv) から，それぞれ求めることにする．定義 (ii) からは，半径 r の値によらず，電気力線の総本数 N は Q/ε_0 である．次に，定義 (iv) を考えよう．半径 r の点の電場の大きさ E は，クーロンの法則から，

$$E = \frac{Q}{4\pi\varepsilon_0 r^2} \tag{2.4}$$

であり，方向は球面に垂直である．球対称なので，球面を垂直に貫く電気力線の本数の面密度 σ は，総本数 N を表面積 $4\pi r^2$ で割ったものに等しい．

$$\sigma = \frac{N}{4\pi r^2} \tag{2.5}$$

定義 (iv) では $E = \sigma$ と定義しているので，式 (2.4) と式 (2.5) から $N = Q/\varepsilon_0$ が得られ，定義 (ii) と (iv) は矛盾しないことが確認できる．

　次に，一般化して，いくつかの電荷を含んだ閉曲面を考えよう．その表面を貫く電気力線の本数を閉曲面に沿ってすべて数え上げることにする．ただし，電気力線には向きがあるので，閉曲面の外に向いている電気力線の本数を ＋ とし，内に向いている電気力線を － として数えることにする．**図 2.9**(a), (b) のように，その電気力線の総本数は，上の定義 (ii) から閉曲面内に存在する電荷の総和を ε_0 で割った値に一致する

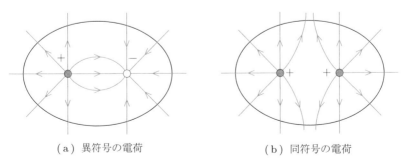

（ａ）異符号の電荷　　　　　　　（ｂ）同符号の電荷

図 2.9　電気力線

ことが容易にわかる.

このことは,**ある閉曲面を貫く電気力線の本数の総和は,内部の電荷の総和を ε_0 で割ったものに等しいこと**を意味している.これが,ガウスの法則 (Gauss' law) の考え方である.さらに,電荷または電荷の集団から遠く離れても電気力線はなくならないが,距離が離れるにしたがって電気力線の密度は小さくなり,(定義 (iv) から)電場が小さくなることは,まさに,2.1 節で説明した逆 2 乗の法則の考え方と一致していることもわかる.

ファラデーは,図 2.9(a), (b) のような電気力線をゴムのように考えて,仮想的なゴムの弾性力からクーロン力を説明しようとした.異符号の電荷の間に引力がはたらくのは,電気力線がゴムひものようにできるだけ縮まろうとするためであり,同符号の電荷の間に斥力がはたらくのは,電気力線がゴムの棒のようにできるだけ真っ直ぐになろうとするからであるようにも見える.いずれにしても,このように電荷間の力には電気力線が描かれ,電気力線は近接作用による力を可視化するものであるので,クーロン力は近接作用による電場の性質として理解されるのである.

2.3.2 ガウスの法則

前項の電気力線に関するガウスの法則の考え方を,電場 $\boldsymbol{E}$ を用いて定式化しよう.任意の形状をもつ閉曲面を貫く電気力線の総本数 N を求めるには,閉曲面を微小面積要素 $\mathrm{d}S$ に分割して,それらを貫く本数を求め足し合わせればよい.

最初に,$\mathrm{d}S$ を貫く電気力線の本数 $\mathrm{d}N$ を求める.**図 2.10** のように,電気力線の本数の面密度 σ は電気力線に垂直な面に対する密度なので,電気力線の方向と $\mathrm{d}S$ の法線ベクトル $\boldsymbol{n}$ ($|\boldsymbol{n}| = 1$) のなす角を θ とすると,$\mathrm{d}N = \sigma \cos\theta \, \mathrm{d}S$ と書ける.この $\sigma \cos\theta$ は,定義 (iv) より $\boldsymbol{E} \cdot \boldsymbol{n}$ に等しいので,

$$\mathrm{d}N = \sigma \cos\theta \, \mathrm{d}S = (\boldsymbol{E} \cdot \boldsymbol{n}) \, \mathrm{d}S \tag{2.6}$$

と書ける.

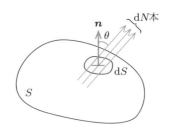

図 2.10 閉曲面の面積要素 $\mathrm{d}S$ を貫く電気力線

次に，これを積分すると，面積 S を貫く総本数 N は，

$$N = \int_S \boldsymbol{E}(x,y,z) \cdot \boldsymbol{n}(x,y,z)\,\mathrm{d}S \tag{2.7}$$

で与えられる．ただし，積分は，ある閉曲面（面積 S）について行うこととする．前項の定義 (ii) より，$N = Q/\varepsilon_0$ なので，

$$\int_S \boldsymbol{E}(x,y,z) \cdot \boldsymbol{n}(x,y,z)\,\mathrm{d}S = \frac{Q}{\varepsilon_0} \tag{2.8}$$

が得られる．この式 (2.8) をガウスの法則 (Gauss' law) という．ここで，$\boldsymbol{n}$ は閉曲面各点における法線ベクトルであり，Q は閉曲面の内部に存在する電荷の総和である．この積分形式で表現されたガウスの法則は，マックスウェル方程式の 1 つであり，電磁気学のなかで電場の特徴を表すもっとも重要な法則でもある．

このガウスの法則の定式化では，図 2.9(a), (b) のように，直観的にわかりやすい場合を例にとって導出を行った．現実には，この法則は，**図 2.11**(a) に示すように形がくびれていても，図 (b) に示すように閉曲面の外側に電荷が存在しても成り立つことが証明されている．本書ではこれ以上厳密な証明は行わないが，前項のような電気力線の性質を思い出せば，成り立つことは容易に想像できるであろう．

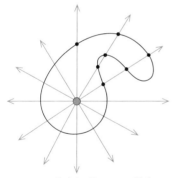
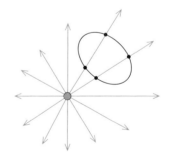

（ａ）形がくびれている場合　　　　（ｂ）閉曲面の外側に電荷がある場合

図 2.11　閉曲面の例

例題 2.4　原点 O に $+q\,[\mathrm{C}]$ の点電荷がある．原点を中心とする半径 $r\,[\mathrm{m}]$ の球の表面にガウスの法則を適用して，点電荷のつくる電場 $\boldsymbol{E}$ の大きさ E を求めよ．

解答　図 2.8 に示すような半径 r の球面を考える．この球面にガウスの法則を適用する．この系の対称性から，球面上のすべての場所で電場は球面に垂直で同じ大きさになることを考慮すると，

$$4\pi r^2 E = \frac{q}{\varepsilon_0}$$

したがって，次のように求められる．

$$E = \frac{q}{4\pi\varepsilon_0 r^2}$$

この問題から，少なくとも 1 つの点電荷に対しては，ガウスの法則とクーロンの法則は等価であることがわかる．例題 2.3 で示されたように，電場はクーロンの法則で決まる電場の重ね合わせで求めることができるので，一般の電荷分布がある系に対しても，ガウスの法則とクーロンの法則は等価であるはずである．

例題 2.5　無限に広い帯電したシートを考える．面電荷密度を $\sigma\,[\mathrm{C/m^2}]$ とする．ガウスの法則を適用して，シートから $r\,[\mathrm{m}]$ 離れた場所の電場の大きさ E を求めよ．

解答　図 2.12 に示すようなシートの表と裏に対称な直方体を考える．直方体の高さを $2r$ とし，上面と下面の面積を S とする．この直方体にガウスの法則を適用する．この系の対称性から，すべての場所で電場がシートに垂直になることを考慮すると，

$$2ES = \frac{\sigma S}{\varepsilon_0}$$

したがって，次のように求められる．

$$E = \frac{\sigma}{2\varepsilon_0}$$

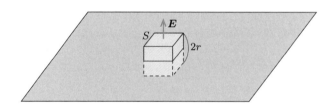

図 2.12　帯電したシート

例題 2.3 では，例題 2.5 と同じ問題をクーロンの法則から求まる電場を重ね合わせて導出した．ガウスの法則を用いると，問題によっては，答えを著しく簡単に求められることがわかる．このことも，ガウスの法則を学ぶことのメリットである．また，この例題 2.5 は，無限に広い電荷シートをつくって，それに垂直方向の電気力線の間隔が横に広がらない（電気力線の密度が一定である）場合，電荷シートから距離がどれだけ離れても電場の強さは一定であることを示している．このことは，2.1 節で述べ

たように，距離が離れて間の空間（表面積）が広がったときだけ，電場が弱くなるという考え方を支持する結果となっている．

　本項の最後に，電荷について補足しておく．一般に電荷には，真電荷（ふつうの電荷）と分極電荷（物質中の双極子の先端がつくる電荷）の2種類が存在することが知られている．この電場 $\boldsymbol{E}$ に関するガウスの法則の中の Q は，電荷であれば両者の区別はないし，合算することもできる．これについては，第5章で詳しく述べる．

2.3.3　ガウスの法則の微分形

　一般に，電磁気学の基本法則には積分した形式での表現と，微分した形式での表現が存在する．前項では，積分した形式のガウスの法則を説明したので，ここでは，微分した形式で表現されたガウスの法則を導出しよう．そのために，式 (2.8) の積分した形式のガウスの法則の右辺にも電荷密度 $\rho\,[\mathrm{C/m^3}]$ を導入して，体積積分で表現する．

$$\int_S \boldsymbol{E}(x,y,z) \cdot \boldsymbol{n}(x,y,z)\,\mathrm{d}S = \frac{1}{\varepsilon_0}\int_V \rho(x,y,z)\,\mathrm{d}V \tag{2.9}$$

この式は，左辺が面積積分，右辺が体積積分なので見通しが悪い．この式の両辺の積分の種類をそろえるために，ガウスの定理を導入する（第1章参照）．

$$\int_S \boldsymbol{E}(x,y,z) \cdot \boldsymbol{n}(x,y,z)\,\mathrm{d}S = \int_V \nabla \cdot \boldsymbol{E}(x,y,z)\,\mathrm{d}V \tag{2.10}$$

式 (2.9) と式 (2.10) から，

$$\int_V \left[\nabla \cdot \boldsymbol{E}(x,y,z) - \frac{\rho(x,y,z)}{\varepsilon_0} \right]\mathrm{d}V = 0 \tag{2.11}$$

が得られる．任意の体積 V（積分領域）に対して式 (2.11) が成り立つための条件は，被積分関数がゼロになることである．したがって，

$$\nabla \cdot \boldsymbol{E}(x,y,z) = \frac{\rho(x,y,z)}{\varepsilon_0} \tag{2.12}$$

が得られる．これが微分した形式で表現されたガウスの法則である．具体的な成分で表現すると，

$$\frac{\partial E_x}{\partial x} + \frac{\partial E_y}{\partial y} + \frac{\partial E_z}{\partial z} = \frac{\rho}{\varepsilon_0} \tag{2.13}$$

と書ける．

演習問題

2.1 点 A $(0, 0, -d)$ と点 B $(0, 0, d)$ に，それぞれ電荷 Q_1 の点電荷があるとする．x 軸上の点 X $(x, 0, 0)$ に Q_2 の点電荷を置くとき，点 X の点電荷が受ける力 $\boldsymbol{F}$ を求めよ．また，力の x 成分を座標 x の関数として図示せよ．ただし，$Q_1 > 0$, $Q_2 > 0$ とする．

2.2 無限に長い直線上に分布した電荷が真空中にあるとする．単位長さあたりの電荷密度を λ [C/m] とする．この直線からの距離を r として，距離 r の点の電場をクーロンの法則の重ね合わせで計算せよ．

2.3 演習問題 2.2 に対して，ガウスの法則を用いて距離 r の点の電場を計算せよ．

2.4 半径 a の球に電荷が一様に帯電している．球内の電荷密度を ρ [C/m³] とし，球の外は真空とする．球の中心を原点にとって，球の内外の電場を求めよ．

2.5 以下のような点電荷の系を考え，点電荷を含む平面内の電気力線の概略図を示せ．

    (a) 2 個の点電荷（電荷は $-q$ と q）が，ある間隔で**図 2.13**(a) のように置かれている系（これは電気双極子とよばれている）

    (b) 正方形の頂点に $\pm q$ の 4 個の電荷が，図 (b) のように置かれている系（これは電気四重極子とよばれている）

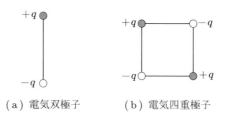

（a）電気双極子   （b）電気四重極子

図 2.13

コラム 1：物理学の奇跡の年

特殊相対性理論を発見したのがアインシュタイン (A. Einstein) であることは有名である．特殊相対性理論をまとめた論文は，アインシュタインが博士号を取得すべく書き上げ，大学に提出したものであった．まだ 26 歳のときである．しかし，内容があまりに斬新であったので大学側に受け入れられず，急遽代わりに「分子の大きさの新しい決定法」という論文を提出し，受理された．この研究は「ブラウン運動の理論」に発展し，アボガドロ数の決定に大きな貢献をした．このほか，この年にアインシュタインは，光の粒子性を提唱した「光量子仮説」の論文も書いている．結局，この 1905 年に，アインシュタインは「光量子仮説」「ブラウン運動の理論」「特殊相対性理論」に関連する 5 本の重要な論文を発表した．1 人の若者が，たった 1 年の間に物理学を根底からつくり変えるような論文を立て続けに発表したことは奇跡としか言いようがなく，この年は「物理学の奇跡の年」とよばれている．アインシュタインによる「奇跡の年」からちょうど 100 年後の 2005 年は，ヨーロッパ物理学会 (European Physical Society) の提案を受けて，国際純粋・応用物理学連合 (IUPAP) によって世界物理年 (World Year of Physics) と制定され，国際物理年関連の企画やイベントなどが行われた．

3

静電ポテンシャル

電場という力の場には位置エネルギーが定義できて，静電ポテンシャルとよばれる
スカラー場を形成する．本章では，最初に電磁気学を表現するのに使用される代表的
な座標系を紹介してから，静電ポテンシャルについて解説する．最後に，多くの物理
現象を説明するのに重要な電気双極子のつくる場を計算する．

(3.1) 座標系

本節では，3次元空間の座標系について述べる．これまで本書では，空間の位置を
指定するために，変数 (x, y, z) で記述されるデカルト座標 (Cartesian coordinates)
を用いてきた．しかし残念ながら，問題を解くときに，いつもデカルト座標が最適だ
とは限らない．たとえば，点電荷のクーロン力のような中心力 (central force) の場
$\boldsymbol{F} = F(r)\boldsymbol{r}$ が現れる問題では，デカルト座標より以下で説明する球座標を用いるほう
が便利なことが多い．実際に，どのような座標系を使うかという問題は，物理量を計
算するときに数式をエレガントに表現し，見通しをよくするという観点からも重要で
ある．

最初に，座標系の分類について述べる．1つは座標軸が直線か曲線かの分類であり，
もう1つは局所的に見て，すべての座標軸がたがいに直交するかしないかの分類であ
る．この分類では，デカルト座標は直線直交座標系ということができる．曲線座標系
には，球座標 (spherical coordinates)，円柱座標 (cylindrical coordinates)，楕円柱座
標 (elliptic cylindrical coordinates)，放物線座標 (parabolic coordinates) など，無
限の種類がある．少なくとも，ここに挙げた座標系は，すべての座標軸が局所的に直
交するので，曲線直交座標系とよばれる．どのような座標を選ぶかは，どのような問
題を解くかによって選べばよい．

これらの座標系を使いこなすには，計量微分幾何学の知識が必要になるが，それら
は本書の内容を超えるので他書にゆずる[†]．以下では，初等的な電磁気学の問題でよく
使われる球座標と円柱座標を解説する．

[†] 初学者に対する入門的な解説書としては，スピーゲル著「マグロウヒル大学演習 ベクトル解析」（オーム社）
がわかりやすい．

3.1.1 球座標

球座標における変数は (r, θ, ϕ) であり，**図 3.1** のように定義される．変換式は

$$
\begin{aligned}
x &= r \sin\theta \cos\phi \\
y &= r \sin\theta \sin\phi \\
z &= r \cos\theta
\end{aligned}
\tag{3.1}
$$

である．ただし，θ は z 軸の正方向から，ϕ は xy 面内で x 軸の正方向から測る．変数の範囲は $r > 0, 0 \leq \theta \leq \pi, 0 \leq \phi \leq 2\pi$ である．この座標は，原点を除く任意の点で，図に示すように，局所的な基本単位ベクトル $\boldsymbol{e}_r, \boldsymbol{e}_\theta, \boldsymbol{e}_\phi$ がたがいに直交するので，曲線直交座標に属する．この基本単位ベクトル $\boldsymbol{e}_r, \boldsymbol{e}_\theta, \boldsymbol{e}_\phi$ は以下のように与えられる．

$$
\begin{aligned}
\boldsymbol{e}_r &= \sin\theta\cos\phi\,\boldsymbol{e}_x + \sin\theta\sin\phi\,\boldsymbol{e}_y + \cos\theta\,\boldsymbol{e}_z \\
\boldsymbol{e}_\theta &= \cos\theta\cos\phi\,\boldsymbol{e}_x + \cos\theta\sin\phi\,\boldsymbol{e}_y - \sin\theta\,\boldsymbol{e}_z \\
\boldsymbol{e}_\phi &= -\sin\phi\,\boldsymbol{e}_x + \cos\phi\,\boldsymbol{e}_y
\end{aligned}
\tag{3.2}
$$

ここで，$\boldsymbol{e}_x, \boldsymbol{e}_y, \boldsymbol{e}_z$ はデカルト座標の基本単位ベクトルである．一般に，半径 r と偏角からなる座標を極座標とよぶことがある．

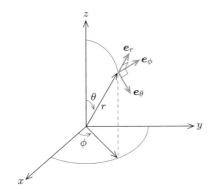

図 3.1 球座標

きわめて近い 2 点の距離の 2 乗 $\mathrm{d}s^2$ を考える．球座標では局所的な基本単位ベクトルが直交していることを使うと，$h_i\ (i = 1, 2, 3)$ を用いて，

$$
\mathrm{d}s^2 = \mathrm{d}x^2 + \mathrm{d}y^2 + \mathrm{d}z^2 = h_1^2 \mathrm{d}r^2 + h_2^2 \mathrm{d}\theta^2 + h_3^2 \mathrm{d}\phi^2
\tag{3.3}
$$

と書ける．これを満たす h_i を求めたい．この h_i は計量 (metric) とよばれ，それぞれの座標の長さの尺度を与える量である．式 (3.1) の全微分は以下で与えられる．

$$\mathrm{d}x = \sin\theta\cos\phi\,\mathrm{d}r + r\cos\theta\cos\phi\,\mathrm{d}\theta - r\sin\theta\sin\phi\,\mathrm{d}\phi$$

$$\mathrm{d}y = \sin\theta\sin\phi\,\mathrm{d}r + r\cos\theta\sin\phi\,\mathrm{d}\theta + r\sin\theta\cos\phi\,\mathrm{d}\phi \tag{3.4}$$

$$\mathrm{d}z = \cos\theta\,\mathrm{d}r - r\sin\theta\,\mathrm{d}\theta$$

これを式 (3.3) に代入すると，計量は，それぞれ，$h_1 = 1, h_2 = r, h_3 = r\sin\theta$ であることがわかる．これらのなかで，θ 方向の微小の長さが $r\mathrm{d}\theta$（円弧の長さ）で決まることは直観的にわかりやすい．

スカラー場 $\psi(r,\theta,\phi)$ の勾配は，それぞれの方向への偏微分であるので，この計量を使って r,θ,ϕ 方向の微小長さを $h_1\partial r, h_2\partial\theta, h_3\partial\phi$ とすると，

$$\nabla\psi = \boldsymbol{e}_r \frac{\partial\psi}{h_1\partial r} + \boldsymbol{e}_\theta \frac{\partial\psi}{h_2\partial\theta} + \boldsymbol{e}_\phi \frac{\partial\psi}{h_3\partial\phi} \tag{3.5}$$

と書ける．したがって，

$$\nabla\psi = \boldsymbol{e}_r \frac{\partial\psi}{\partial r} + \boldsymbol{e}_\theta \frac{1}{r}\frac{\partial\psi}{\partial\theta} + \boldsymbol{e}_\phi \frac{1}{r\sin\theta}\frac{\partial\psi}{\partial\phi} \tag{3.6}$$

が得られる．この勾配から関数 ψ をとって，球座標のナブラ演算子と考えることも可能である．このように考えて発散や回転を計算するときには，演算子が作用されるベクトルも $\boldsymbol{e}_r, \boldsymbol{e}_\theta, \boldsymbol{e}_\phi$ 方向の成分を用いなければいけないので注意が必要である．

例題 3.1　式 (3.2) のベクトルがたがいに直交することを示せ．

解答　それぞれの局所的な基本単位ベクトルの内積をとる．

$$\boldsymbol{e}_r \cdot \boldsymbol{e}_\theta = \sin\theta\cos\theta\cos^2\phi + \sin\theta\cos\theta\sin^2\phi - \sin\theta\cos\theta = 0$$

$$\boldsymbol{e}_\theta \cdot \boldsymbol{e}_\phi = -\cos\theta\sin\phi\cos\phi + \cos\theta\sin\phi\cos\phi = 0$$

$$\boldsymbol{e}_r \cdot \boldsymbol{e}_\phi = -\sin\theta\sin\phi\cos\phi + \sin\theta\sin\phi\cos\phi = 0$$

これらから，たがいに直交していることがわかる．これが曲線直交座標系の意味である．

例題 3.2　式 (3.2) の各基本単位ベクトルをそれぞれ r, θ, ϕ で微分せよ．

解答

$$\frac{\partial\boldsymbol{e}_r}{\partial r} = 0, \quad \frac{\partial\boldsymbol{e}_r}{\partial\theta} = \cos\theta\cos\phi\boldsymbol{e}_x + \cos\theta\sin\phi\boldsymbol{e}_y - \sin\theta\boldsymbol{e}_z = \boldsymbol{e}_\theta$$

$$\frac{\partial\boldsymbol{e}_r}{\partial\phi} = -\sin\theta\sin\phi\boldsymbol{e}_x + \sin\theta\cos\phi\boldsymbol{e}_y = \sin\theta\boldsymbol{e}_\phi$$

$$\frac{\partial\boldsymbol{e}_\theta}{\partial r} = 0, \quad \frac{\partial\boldsymbol{e}_\theta}{\partial\theta} = -\sin\theta\cos\phi\boldsymbol{e}_x - \sin\theta\sin\phi\boldsymbol{e}_y - \cos\theta\boldsymbol{e}_z = -\boldsymbol{e}_r$$

$$\frac{\partial \boldsymbol{e}_\theta}{\partial \phi} = -\cos\theta\sin\phi\boldsymbol{e}_x + \cos\theta\cos\phi\boldsymbol{e}_y = \cos\theta\boldsymbol{e}_\phi$$

$$\frac{\partial \boldsymbol{e}_\phi}{\partial r} = 0, \quad \frac{\partial \boldsymbol{e}_\phi}{\partial \theta} = 0, \quad \frac{\partial \boldsymbol{e}_\phi}{\partial \phi} = -\cos\phi\boldsymbol{e}_x - \sin\phi\boldsymbol{e}_y = -\sin\theta\boldsymbol{e}_r - \cos\theta\boldsymbol{e}_\theta$$

注意 この結果は，演習問題 3.1 で使用する．

　一般に，球座標のような曲線座標系の場合，基本単位ベクトルは位置の変化に伴って方向を変えるので，それらの座標での微分は，必ずしもゼロにはならい．このことが，球座標の微分演算子の計算が複雑になる理由である．

3.1.2 円柱座標

　円柱座標における変数は (ρ, ϕ, z) であり，**図 3.2** のように定義される．変換式は

$$x = \rho\cos\phi$$
$$y = \rho\sin\phi \tag{3.7}$$
$$z = z$$

である．ただし，ϕ は xy 面内で x 軸の正方向から測る．変数の範囲は $\rho > 0, 0 \le \phi \le 2\pi$ である．この座標は，z 軸上を除く任意の点で基本単位ベクトル $\boldsymbol{e}_\rho, \boldsymbol{e}_\phi, \boldsymbol{e}_z$ がたがいに直交するので，円柱座標は曲線直交座標系に属する．スカラー場 $\psi(\rho, \phi, z)$ の勾配は，球座標のときの θ 成分をデカルト座標の z で表して以下のように与えられる．

$$\nabla\psi = \boldsymbol{e}_\rho\frac{\partial\psi}{\partial\rho} + \boldsymbol{e}_\phi\frac{1}{\rho}\frac{\partial\psi}{\partial\phi} + \boldsymbol{e}_z\frac{\partial\psi}{\partial z} \tag{3.8}$$

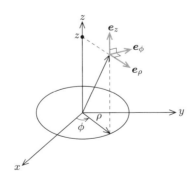

図 3.2 円柱座標

(3.2) 静電ポテンシャルとラプラス−ポアッソン方程式

3.2.1　静電ポテンシャル

　第 2 章で述べたように，電場 $\boldsymbol{E}(\boldsymbol{r})$ は，ある場所に単位電荷 (1 C) を置いたとき，電場から受ける力を示している．したがって，電場の力による仕事が保存する[†]（保存力である）ならば，単位電荷に対する位置エネルギーを定義することができるはずである．このような位置エネルギーは静電ポテンシャル (electrostatic potential) または電位 (electric potential) とよばれ，SI 単位系では，1 C あたりの位置エネルギー（単位は J/C）を与える．2 点間の静電ポテンシャルの差は，電気回路で扱う電位差または電圧（単位は [V]）と同じものでもある．この静電ポテンシャルは，スカラー場をつくることから，スカラーポテンシャル (scalar potential) ともよばれている．

　静電ポテンシャルを計算してみよう．物理学ではいつでも (力) × (距離) が仕事を与え，その仕事が保存するときに，ポテンシャル（位置）エネルギーが定義できるので，点 O（座標は (x_0, y_0, z_0) とする）を基準にして，ある点 R(x, y, z) の静電ポテンシャルは，

$$\phi(\boldsymbol{r}) = -\int_{\mathrm{O}}^{\mathrm{R}} \boldsymbol{E}(\boldsymbol{r}) \cdot \mathrm{d}\boldsymbol{r} \tag{3.9}$$

で与えられる．ある点 R(x, y, z) に単位電荷を置くと，その電荷は $\boldsymbol{E}(x, y, z)$ という大きさと方向をもった力を受ける．この力に抗して電荷を移動させるためには，少なくとも $-\boldsymbol{E}(x, y, z)$ の力を作用させなければいけない．これが式 (3.9) の右辺にマイナスが付いている理由である．もし力が保存力であれば，式 (3.9) の静電ポテンシャル ϕ は，線積分の経路には依存しないことも知られている．この条件については次項で考察する．

　次に，静電ポテンシャルから電場を決める方法を考えよう．簡単のために，静電ポテンシャル $\phi(\boldsymbol{r})$ を 2 次元にし，$\phi(x, y)$ を考える．**図 3.3** に示すように，$\phi(x, y)$ は xy 平面上の位置エネルギーの大きさを意味するので，地上の重力場に例えると，丘陵地やスキー場のような起伏のある斜面に対応させることができる．高さが高ければ位置エネルギーは大きく，斜面の傾斜が強ければその点で受ける力は大きい．このような計算は，第 1 章で説明した勾配にほかならない．したがって，

$$\boldsymbol{E}(\boldsymbol{r}) = -\operatorname{grad}\phi(\boldsymbol{r}) = -\nabla\phi(\boldsymbol{r}) \tag{3.10}$$

[†]　電場のような場の力が保存力であるとき，そのような場を保存力場とよぶ．

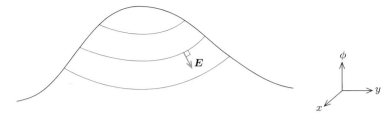

図 3.3 2 次元のポテンシャル

と書ける．ここでも勾配の前にマイナスがついている．図のような斜面で考えると，微分で与えられる斜面の勾配はいつでも登りをプラスに取るが，電荷が受ける力は斜面を下る方向にはたらく．両者は逆向きになるので，マイナスが必要になる．

電場中で，電荷 q のもつエネルギー U は，$\phi = 0$ の点を基準にして

$$U = q\phi \tag{3.11}$$

と表すことができる．

例題 3.3 前章の点電荷のつくる電場（式 (2.3)）から，式 (3.9) を使って，点電荷の静電ポテンシャルを導け．計算では無限遠のポテンシャルを基準 ($\phi(\infty) = 0$) にせよ．

解答 式 (2.3) から，点電荷の電場は，すべて r 方向を向いている．電場の大きさは，

$$E(r) = \frac{Q}{4\pi\varepsilon_0 r^2}$$

で与えられる．式 (3.9) を使って，この電場を r について無限遠から r まで積分する．

$$\phi(r) = -\int_\infty^r \frac{Q}{4\pi\varepsilon_0 r'^2}\mathrm{d}r' = \frac{Q}{4\pi\varepsilon_0}\left[\frac{1}{r'}\right]_\infty^r = \frac{Q}{4\pi\varepsilon_0 r}$$

この値は，球座標の θ や ϕ によらず，r だけの関数になる．このように，ポテンシャルが r だけに依存する場合，その力を中心力 (central force) とよぶ．

例題 3.4 例題 3.3 で得られた点電荷の静電ポテンシャルから，式 (3.10) を使って点電荷のつくる電場を導け．

解答 電場は，$\boldsymbol{E} = -\nabla\phi$ で与えられる．したがって，

$$E_x = -\frac{\partial\phi}{\partial x} = -\frac{Q}{4\pi\varepsilon_0}\frac{\partial}{\partial r}\left(\frac{1}{r}\right)\frac{\partial r}{\partial x} = \frac{Q}{4\pi\varepsilon_0 r^2}\frac{2x}{2\sqrt{x^2+y^2+z^2}} = \frac{Qx}{4\pi\varepsilon_0 r^3}$$

$$E_y = -\frac{\partial\phi}{\partial y} = -\frac{Q}{4\pi\varepsilon_0}\frac{\partial}{\partial r}\left(\frac{1}{r}\right)\frac{\partial r}{\partial y} = \frac{Q}{4\pi\varepsilon_0 r^2}\frac{2y}{2\sqrt{x^2+y^2+z^2}} = \frac{Qy}{4\pi\varepsilon_0 r^3}$$

$$E_z = -\frac{\partial \phi}{\partial z} = -\frac{Q}{4\pi\varepsilon_0}\frac{\partial}{\partial r}\left(\frac{1}{r}\right)\frac{\partial r}{\partial z} = \frac{Q}{4\pi\varepsilon_0 r^2}\frac{2z}{2\sqrt{x^2+y^2+z^2}} = \frac{Qz}{4\pi\varepsilon_0 r^3}$$

これをまとめると，次式のようになる．

$$E(\boldsymbol{r}) = \frac{Q}{4\pi\varepsilon_0 r^2}\cdot\frac{\boldsymbol{r}}{r}$$

一様電場 E を考えるとき，ある点から距離 d だけ電場方向に離れた点を考えると，この2点の電位差（電圧）V は，

$$V = Ed \tag{3.12}$$

で与えられる．この電位差の単位には [V]（ボルト）が用いられる．また，電場の単位は [V/m] と書くこともできる．

本項では1つの点電荷しか扱わなかったが，複数の電荷があるときには，電場のとき（前章参照）と同様に，静電ポテンシャルにも重ね合わせの原理が成り立つことが知られている．

3.2.2 静電ポテンシャルの条件

静電ポテンシャルが定義できる条件を考えよう．前項でも述べたように，静電ポテンシャルを定義するためには，電場が保存力場 (conservative force field) である必要がある．仕事が保存するためには，どの経路を通っても必要な仕事が同じでなくてはいけない．この条件は，式 (3.9) の積分が経路に依存しないことといえる．いま，図 **3.4** に示すように，電場中で，点 A からある経路 l_1 と l_2 を通って，それぞれ点 B まで単位電荷に仕事をして移動させたとする．経路に依存しないということは，両者の仕事が等しいということなので，

$$\int_{l_1}\boldsymbol{E}(\boldsymbol{r})\cdot\mathrm{d}\boldsymbol{r} = \int_{l_2}\boldsymbol{E}(\boldsymbol{r})\cdot\mathrm{d}\boldsymbol{r} \tag{3.13}$$

と書くことができる．一般に，線積分の積分経路を反対向きに進む場合には，その積

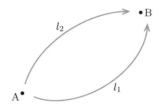

図 3.4 点 A から点 B までの経路

分は符号を変えるので,

$$\int_{l_1} \boldsymbol{E}(\boldsymbol{r}) \cdot \mathrm{d}\boldsymbol{r} + \int_{-l_2} \boldsymbol{E}(\boldsymbol{r}) \cdot \mathrm{d}\boldsymbol{r} = 0 \tag{3.14}$$

と書ける. ここで, l_2 を通って点 B から点 A に向かう経路を $-l_2$ と表記した. 式 (3.14) は, 点 A を出発して経路 l_1 を通って点 B に到着し, 経路 $-l_2$ を通って再び点 A に戻ることを意味している. 点 A と点 B は任意に取ることができるので, 式 (3.14) は, 電場中で任意の曲線を通って元の場所に戻るのに必要な仕事はゼロであることを示している. したがって, 電場が保存力場であるための条件は, 任意の閉じた経路に対して以下の式が成り立つことである.

$$\oint \boldsymbol{E}(\boldsymbol{r}) \cdot \mathrm{d}\boldsymbol{r} = 0 \tag{3.15}$$

この式 (3.15) は, 周回積分がゼロであることを示していて, 1.3 節の回転の定義で示したように, この経路に沿って回転の要素をもたないことを意味する. このことから, この式で与えられるベクトル場のことを渦なしベクトル (irrotational vector) とよぶ. したがって, 保存力場と渦なしベクトルの場は同義であり, 静電ポテンシャルを定義できる条件は, 電場が渦なしベクトルの場になっていることになる.

この式 (3.15) は, 積分した形式で表現されている. これを微分した形式に書き換えよう. 1.3 節で説明したストークスの定理を用いると,

$$\int_S (\nabla \times \boldsymbol{E}) \cdot \boldsymbol{n} \, \mathrm{d}S = 0 \tag{3.16}$$

と書ける. 任意の積分領域 S に対して式 (3.16) が成り立つ条件は, 被積分関数がゼロになることなので, 以下の式が得られる.

$$\nabla \times \boldsymbol{E}(\boldsymbol{r}) = 0 \tag{3.17}$$

この条件も, 積分形のときと同様に渦なしの条件とよぶ. この式は, 第 9 章で学ぶ電磁誘導の法則（基本法則の 1 つ）において, 磁場の時間変化がないときの式と一致する. したがって, この渦なしの条件は, 静的な電磁気学の基本法則の 1 つになっている.

3.2.3 ラプラス–ポアッソン方程式

本節では, 電場を簡単に計算する方法の 1 つとして静電ポテンシャルを導入した. 渦なしの条件が成り立つとき（電場が保存力場であれば）, いつでもそれは定義できる量であることも確認した. それでは, 一般に静電ポテンシャルの性質を記述する基本的な方程式はどのようなものであろうか. 以下では, これについて考える.

最初に, マックスウェル方程式の 1 つであるガウスの法則から出発する.

$$\nabla \cdot \boldsymbol{E}(\boldsymbol{r}) = \frac{\rho(\boldsymbol{r})}{\varepsilon_0} \tag{3.18}$$

静電ポテンシャル ϕ を用いて，式 (3.10) から電場を求めることができるので，これを式 (3.18) に代入すると，

$$\triangle \phi(\boldsymbol{r}) = -\frac{\rho(\boldsymbol{r})}{\varepsilon_0} \tag{3.19}$$

が得られる．ここで，$\triangle = \nabla \cdot \nabla$（$\triangle$：ラプラス演算子）である．この式はポアッソン方程式 (Poisson equation) とよばれていて，静電ポテンシャルを記述するもっとも基本的な式になっている．この式から出発して静電ポテンシャルが求まれば，いつでも電場を決定することができる．

一方，多くの電磁気学の問題では，実際には，電荷が存在する場所と静電ポテンシャルを知りたい場所とは違う場合が多い．たとえば，ある電位の金属があるとき，この金属の外部の静電ポテンシャルを知りたいときは，金属の電位を境界条件として，

$$\triangle \phi(\boldsymbol{r}) = 0 \tag{3.20}$$

を解くことになる．この方程式は，ラプラス方程式 (Laplace equation) とよばれている．

ポアッソン方程式やラプラス方程式は 2 階の偏微分方程式なので，多くの場合，解析的に解くことが容易ではない．このような場合には，コンピュータを用いた数値計算が行われることが多い．このラプラス方程式の解を数値的に求める方法については，本章末のコラムで述べる．

3.3　電気双極子のつくる場

本節では，電気双極子 (electric dipole) がつくる場を考える．電気双極子とは，2 個の電荷 q と $-q$ が対になったものを指し，電気双極子モーメントは，2 つの電荷が距離 $\boldsymbol{d}$ だけ離れているとき，$\boldsymbol{\mu} = q\boldsymbol{d}$ で与えられるベクトル量である．$\boldsymbol{d}$ はマイナスからプラス電荷に向かう方向にとる．図 3.5(a), (b) に電気双極子モーメントの例として，水 (H_2O) 分子とダイポールアンテナを示す．

水分子の酸素の原子核には 8 個の陽子が存在し，水素の原子核には陽子が 1 個しかない．このため水素の電子は，酸素の原子核の強い引力によって酸素原子に引き寄せられ，酸素原子はマイナスに帯電する．一方，水素原子は電子が奪われるのでプラスに帯電する．このように，水分子は電気双極子モーメントをもつことになる．水という物質の示す特異な性質の多くは，この電気双極子モーメントによって発現すること

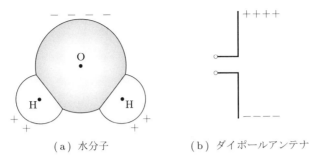

(a) 水分子   (b) ダイポールアンテナ

図 3.5　電気双極子モーメントの例

が知られている．

　図 (b) のダイポールアンテナでは，このアンテナに交流電圧を加えると，電気双極子モーメントの振動が発生して電波を放出したり，飛んできた電波を吸収したりする．

　以上のように，電気双極子は，原子や分子の世界からアンテナのようなマクロな世界まで，広いスケールにわたって，物理現象を説明するための重要な概念であることがわかる．以下の例題では，電気双極子モーメントの示す静電ポテンシャルや電場を求める．これらの場では，電気双極子から十分離れた場所を考える．このような近似を双極子近似 (dipole approximation) とよぶ．

例題 3.5　**図 3.6** に示すように，空間にデカルト座標をとり，z 軸上の $-d/2$ と $d/2(d > 0)$ の位置に，それぞれ，電荷 $-q$ と q を置く．電荷のある位置以外の一般の点 P(x, y, z) の位置での静電ポテンシャルを求めよ．次に，双極子近似 $(r \gg d)$ を使って，電気双極子に特有な静電ポテンシャルを導け．ただし，原点から点 P までの距離を r とする．

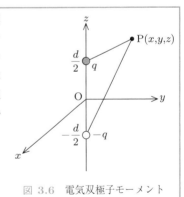

図 3.6　電気双極子モーメント

解答　点 P の静電ポテンシャルは，

$$\phi(\boldsymbol{r}) = \frac{q}{4\pi\varepsilon_0} \left[\frac{1}{\sqrt{x^2 + y^2 + (z - d/2)^2}} - \frac{1}{\sqrt{x^2 + y^2 + (z + d/2)^2}} \right]$$

で与えられる．次に，$r \gg d$ として，d/r の 1 次までで近似する．

$$\phi(\boldsymbol{r}) = \frac{q}{4\pi\varepsilon_0 r} \left[\frac{1}{\sqrt{1 - dz/r^2}} - \frac{1}{\sqrt{1 + dz/r^2}} \right] = \frac{q}{4\pi\varepsilon_0 r} \left(1 + \frac{dz}{2r^2} - 1 + \frac{dz}{2r^2} \right) = \frac{qdz}{4\pi\varepsilon_0 r^3}$$

例題 3.6 例題 3.5 で得られた電気双極子の静電ポテンシャルから，電気双極子のつくる電場を導け．

解答 $\boldsymbol{E}(\boldsymbol{r}) = -\nabla\phi(\boldsymbol{r})$ を計算する．

$$E_x = -\frac{\partial\phi}{\partial x} = -\frac{qdz}{4\pi\varepsilon_0}\frac{\partial}{\partial x}\frac{1}{(x^2+y^2+z^2)^{3/2}} = \frac{qd}{4\pi\varepsilon_0}\cdot\frac{3xz}{r^5}$$

$$E_y = -\frac{\partial\phi}{\partial y} = -\frac{qdz}{4\pi\varepsilon_0}\frac{\partial}{\partial y}\frac{1}{(x^2+y^2+z^2)^{3/2}} = \frac{qd}{4\pi\varepsilon_0}\cdot\frac{3yz}{r^5}$$

$$E_z = -\frac{\partial\phi}{\partial z} = -\frac{qd}{4\pi\varepsilon_0}\frac{\partial}{\partial z}\frac{z}{(x^2+y^2+z^2)^{3/2}} = \frac{qd}{4\pi\varepsilon_0}\cdot\frac{3z^2-r^2}{r^5}$$

いま，$\mu = qd$ とし，μ の方向を任意に取り，ベクトル $\boldsymbol{\mu}$ で表すと，例題 3.6 の解は，一般化して

$$\phi(\boldsymbol{r}) = \frac{\boldsymbol{\mu}\cdot\boldsymbol{r}}{4\pi\varepsilon_0 r^3} \tag{3.21}$$

と書けることが知られている．例題 3.6 の電場も，任意の方向を向く $\boldsymbol{\mu}$ に対して，以下のように書けることが知られている．

$$\boldsymbol{E}(\boldsymbol{r}) = -\frac{1}{4\pi\varepsilon_0 r^3}\left[\boldsymbol{\mu} - \frac{3(\boldsymbol{\mu}\cdot\boldsymbol{r})\boldsymbol{r}}{r^2}\right] \tag{3.22}$$

電気双極子のつくる電場は，方向によって性質が大きく変わることが特徴である．式 (3.22) は，$\boldsymbol{\mu}$ と同じ軸上で電場は $\boldsymbol{\mu}$ ベクトルに平行になり，垂直方向の位置で電場は $\boldsymbol{\mu}$ ベクトルに反平行になることを示している．双極子の大きさ d が考えている系の大きさに比べて十分小さいとき，このような双極子を力学の質点と同様に，点双極子とよぶことがある．

演習問題

3.1 例題 3.2 の基本単位ベクトルの微分に注意して，球座標のラプラス演算子 $\triangle = \nabla\cdot\nabla$ を求めよ．

3.2 2 極管とよばれる真空管の中の 2 枚の平行平面導体板の間の空間（間隔 d とする）には空間電荷が分布していて，電極に垂直な方向を x 軸とすると，電位分布が $\phi(x) = V_0(x/d)^{4/3}$ で表されることが知られている（**図 3.7**）．ここで，V_0 は正の定数，電極面積は d^2 に比べて十分に大きいとし，電位は x だけの関数で書けると仮定した．電極板は，$x = 0$ と d に存在する．ポアッソン方程式を用いて，空間電荷の電荷密度 $\rho(x)\,[\mathrm{C/m^3}]$ を求めよ．

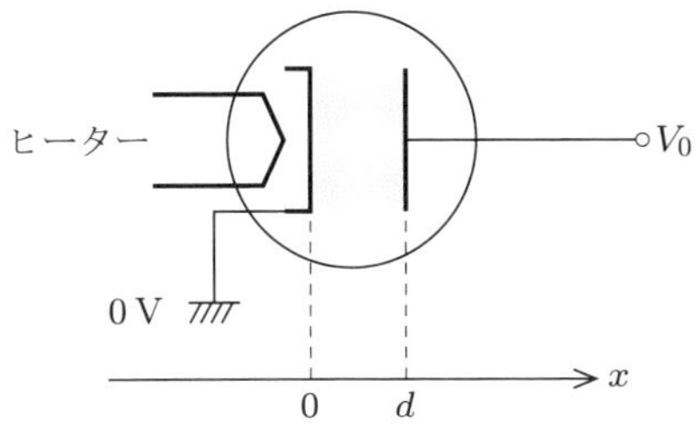

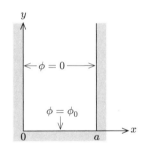

図 3.7　2 極管

3.3　原点に置かれた電気双極子モーメント $\boldsymbol{\mu}$ による静電ポテンシャル

$$\phi(\boldsymbol{r}) = \frac{\boldsymbol{\mu} \cdot \boldsymbol{r}}{4\pi\varepsilon_0 r^3}$$

が，原点以外でラプラス方程式を満たすことを示せ．

3.4　**図 3.8** のような境界条件をもつ 2 次元系の静電ポテンシャル $\phi(x,y)$ のラプラス方程式を解け．静電ポテンシャルの境界条件は，以下とする．

$$\phi(0,y) = \phi(a,y) = 0, \quad y > 0$$

$$\phi(x,0) = \phi_0, \quad 0 \le x \le a$$

図 3.8　2 次元ポテンシャル

3.5　一様な電場 $\boldsymbol{E}$ の中に電気双極子モーメント $\boldsymbol{\mu}$ を置くとき，この電気双極子がもつエネルギーを求めよ．

3.6　電気力線は，その点の電場 $\boldsymbol{E}$ と平行にならなければいけないという条件から，球座標で，

$$\frac{\mathrm{d}r}{E_r} = \frac{r\mathrm{d}\theta}{E_\theta} = \frac{r\sin\theta\mathrm{d}\phi}{E_\phi}$$

と書かれる．xz 平面で z 軸方向を向いた電気双極子モーメント μ のつくる電場は，

$$\boldsymbol{E} = \frac{\mu}{4\pi\varepsilon_0 r^3}(2\cos\theta\boldsymbol{e}_r + \sin\theta\boldsymbol{e}_\theta)$$

と書かれることが知られている．ここで，$\boldsymbol{e}_r$ と $\boldsymbol{e}_\theta$ は，それぞれ，r と θ 方向の単位ベクトルである．電気力線の方程式を求めて図示せよ．

○ コラム 2：ラプラス方程式の数値解法 ○

　多くの場合，ラプラス方程式を解くためにコンピュータによる数値計算が行われることを述べた．それでは，ラプラス方程式を数値的に解くとは，どのようなことなのであろうか？ ここでは，それについて簡単に説明する．

　簡単のために，2 次元を考える．ラプラス方程式は，次のように与えられる．

$$\frac{\partial^2 \phi(x,y)}{\partial x^2} + \frac{\partial^2 \phi(x,y)}{\partial y^2} = 0$$

数値計算をするために，xy 平面を碁盤のように分割する（図 **3.9** 参照）．縦横の長さ L の領域を，それぞれ N 等分した．このとき，座標 (x,y) は，整数 (i,j) を用いて $(x_i, y_j) = (hi, hj)$ と表すことができる．ここで，$h = L/N$ である．静電ポテンシャル $\phi(x_i, y_j)$ を $\phi_{i,j}$ と書くと，偏導関数 $\partial \phi(x,y)/\partial x$ と $\partial^2 \phi(x,y)/\partial x^2$ を差分で置き換えて，それぞれ，

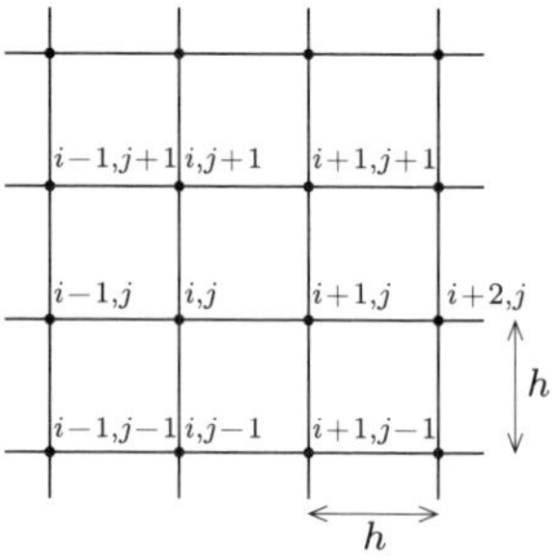

図 3.9　平面の分割

$$\frac{\partial \phi(x,y)}{\partial x} = \frac{1}{h}(\phi_{i+1,j} - \phi_{i,j})$$

$$\frac{\partial^2 \phi(x,y)}{\partial x^2} = \frac{1}{h^2}(\phi_{i+1,j} - 2\phi_{i,j} + \phi_{i-1,j})$$

と書くことができる．このことを用いて，上のラプラス方程式を整理すると，

$$\phi_{i,j} = \frac{1}{4}(\phi_{i+1,j} + \phi_{i-1,j} + \phi_{i,j+1} + \phi_{i,j-1})$$

が得られる．この式は，ある点 (x_i, y_j) の静電ポテンシャル $\phi_{i,j}$ は，それを取り囲む 4 点の平均になるように選べばよいことを意味している．実際の計算では，ある境界条件のもとで，このような $\phi_{i,j}$ が取り囲む 4 点の平均値になるように，計算を何回か繰り返せば答えが得られることになる．計算は意外に簡単である．

4 導体の周りの静電場

電場の中に導体を置くと，導体の表面には電荷が現れ，導体の周りの電場は変化する．本章では，導体が存在するとき，その周りの電場がどのように与えられるかを解説する．また，導体を帯電させると，コンデンサーとよばれる電気を蓄える素子として振る舞う．コンデンサーは電気回路の部品としても重要である．最後に，鏡像法とよばれる電場の特殊解法についても触れる．

4.1 導体と静電誘導

帯電の原因が電荷にあることは，第2章ですでに述べた．この電荷 (charge) は，金属のような物体の内部では容易に移動できる．電荷が移動しやすい物体は導体 (conductor)，逆に，電荷が移動しにくい物体は絶縁体 (insulator) または誘電体 (dielectric) とよばれている．多くの金属は良導体であり，ガラス，陶器，プラスチックの多くは絶縁体である．本節では，導体について考える．

金属の内部には，金属を構成する原子には束縛されず，自由に動き回ることができる電子が存在する．このような電子を自由電子 (free electron) または伝導電子 (conduction electron) という．金属の電気伝導の原因は，この自由電子による．(図 **4.1** 参照)．

静電場内に孤立した導体を置くと，どのようなことが起こるであろうか．最初に，この問題を考えよう．導体内部の伝導電子（電荷 $-e$）は，電場 E の力 $-eE$ を受けて導体の内部を移動し，最終的に導体内部の電場を完全に打ち消すように分布すること

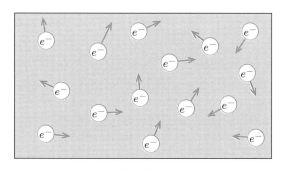

図 4.1 金属内部の自由電子

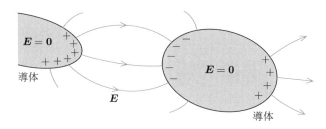

図 4.2　静電誘導

になるだろう．導体内部の電場 E は，場所によらずゼロになる．もし外部電場が変化して内部電場 E がゼロでなくなったとしても，伝導電子がその電場 E の力を受けて再び動き出し，導体中の電場 E をゼロにするからである．**図 4.2** に示すように，電荷は導体の表面に集まって，金属内部の電場を打ち消している．このような現象を静電誘導 (electrostatic induction) という．導体内部で $E = 0$ ということは，電場 E と静電ポテンシャル ϕ の関係 $E = -\operatorname{grad} \phi$（3.2 節参照）から，静電ポテンシャルは一定であるはずである．すなわち，**導体内部はどこでも等電位**である．電場 E は，いつでも等電位面に垂直であるので，電場は導体表面に垂直となる．（**図 4.3** 参照）

次に，静電誘導が起こる場合の導体内部の電荷密度分布 $\rho(\boldsymbol{r})\,[\mathrm{C/m^3}]$ について考えよう．**図 4.4** に示すように，導体内部の任意のある領域 S（体積 V）にガウスの法則を適用する．

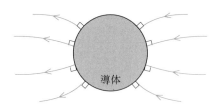

図 4.3　導体の周りの電気力線

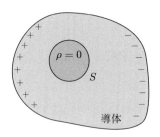

図 4.4　導体内部の電荷分布

$$\int_S \boldsymbol{E}(\boldsymbol{r}) \cdot \boldsymbol{n}(\boldsymbol{r})\mathrm{d}S = \frac{1}{\varepsilon_0} \int \rho(\boldsymbol{r})\mathrm{d}V \tag{4.1}$$

先に述べたように，導体内部では電場 $\boldsymbol{E}$ はゼロであるので，導体内部に設定した任意の領域 S に対してガウスの法則が成り立つためには，導体内部はどこでも電荷密度 $\rho(\boldsymbol{r})$ がゼロでなければいけない．導体内部で $\rho(\boldsymbol{r}) = 0$ ということから，電荷分布は導体表面にしか存在しないことになる．このように，導体に外部から静電場を印加しても，導体内部の電場 $\boldsymbol{E}$ はゼロであり，電荷も内部には存在しないことになる．導体のこのような作用を静電遮蔽 (electrostatic shielding) という．

それでは，静電誘導によって導体表面の電荷はどのように分布しているであろうか．この電荷分布を求めるために，**図 4.5** に示すような，導体表面を含む小さな領域 S' を考える．表面の電荷分布には面電荷密度 $\sigma(\boldsymbol{r})\,[\mathrm{C/m^2}]$ を導入し，高さを $2h$，上下面の面積が ΔS の円筒形の領域 S' にガウスの法則を適用する．$2h \ll \sqrt{\Delta S}$ とすると，ガウスの法則は，

$$\int_{S'} \boldsymbol{E}(\boldsymbol{r}) \cdot \boldsymbol{n}(\boldsymbol{r})\mathrm{d}S = \frac{\sigma(\boldsymbol{r})\Delta S}{\varepsilon_0} \tag{4.2}$$

と書ける．ここで，$\boldsymbol{n}$ は領域 S' 面上の法線ベクトルである．導体内部では $\boldsymbol{E} = 0$，円筒形の上の面では $\boldsymbol{E}/\!/\boldsymbol{n}$，円筒形の側面では $\boldsymbol{E} \perp \boldsymbol{n}$ であることを用いると，導体の外側の電場は，

$$\boldsymbol{E}(\boldsymbol{r}) = \frac{\sigma(\boldsymbol{r})\boldsymbol{n}(\boldsymbol{r})}{\varepsilon_0} \tag{4.3}$$

であることがわかる．導体表面では，この式を満たすように表面電荷密度が分布することになる．

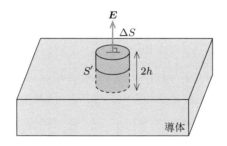

図 4.5　導体表面にガウスの法則を適用する

例題 4.1 　　**図 4.6** に示すように，真空中に半径 a の導体球が
あり，電荷 Q が与えられている．導体球の内外の電場 E と
電位 ϕ を求めよ．ただし，導体球から無限遠の電位をゼロと
する．

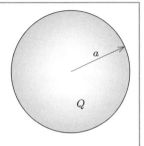

図 4.6 　帯電した導体球

解答　導体球の中心からの距離を r とする．導体内部 $(r \leq a)$ では明らかに $E = 0$ である．一方，導体の外部 $(r > a)$ では，電場 E は球の対称性を示すので r のみの関数となり，ガウスの法則を適用して，

$$E(r) = \frac{Q}{4\pi\varepsilon_0 r^2} \quad (r > a)$$

で与えられる．電場と同様に，電位 ϕ も r の関数として書ける．無限遠方をゼロにとると，$\phi(r)$ は次のように与えられる．

$$\phi = -\int_\infty^r E(r)\mathrm{d}r$$

したがって，導体の外部 $(r > a)$ では，

$$\phi = -\int_\infty^r E(r)\mathrm{d}r = \frac{Q}{4\pi\varepsilon_0 r}$$

となる．ポテンシャルの連続性から，導体内部 $(r \leq a)$ では，

$$\phi = \frac{Q}{4\pi\varepsilon_0 a}$$

が得られる．この式は，導体の内部が等電位であることを示している．

例題 4.2 　　地球の表面では，$1\,\mathrm{m}$ 上昇するごとに，平均で $+100\,\mathrm{V}$ 電位が上昇することが
知られている．（電場は下向き）地球を半径 a の導体球と考えて，地球の全電荷 Q を求めよ．ただし，$a = 6.4 \times 10^6\,\mathrm{m}$，真空の誘電率を $\varepsilon_0 = 8.9 \times 10^{-12}\,\mathrm{C^2/(N \cdot m^2)}$ とする．

解答　地表付近の電場 $E(a)$ は，$\boldsymbol{E} = -\nabla\phi$ より，

$$E(a) = -1.0 \times 10^2\,\mathrm{V/m}$$

である．半径 a の球にガウスの法則（式 (4.1)）を適用すると，全電荷 Q は次のように与えられる．

$$Q = 4\pi\varepsilon_0 a^2 E(a) = -4.6 \times 10^5\,\mathrm{C}$$

4.2 導体の周りの静電場

本節では，導体が帯電したときの導体の周りの静電場を考える．導体に電荷を与えて帯電させると，同符号の電荷どうしにはたがいに反発力がはたらくので，電荷どうしはできるだけ離れて電気的なエネルギーを下げようとする．その結果，電荷は表面に集まることになる．このように，導体の近くに外部電荷 Q が存在すると，導体内部の電場 $\boldsymbol{E}$ を打ち消すように表面に電荷が分布することになる．表面に集まった面電荷密度 σ と導体表面の外側の電場 $\boldsymbol{E}$ には，前節の式 (4.3) で表される関係が成り立つ．このようなことを考慮して，導体と電荷の系の電場を例題で計算してみよう．

例題 4.3 図 **4.7** のように，一対の十分に広い導体板が距離 d だけ隔てて存在する．上下の電極板には，それぞれ，単位面積あたり $+\sigma$ と $-\sigma$ の電荷を与える．電荷分布の様子と導体板の間の電場 $\boldsymbol{E}$ の大きさを求めよ．

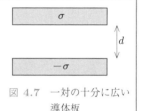

図 4.7 一対の十分に広い導体板

解答 それぞれの導体板の電荷は，もう一方の導体板の電荷に引き寄せられるので，図 **4.8** に示すように，電荷密度 $\pm\sigma$ の電荷が表面に集まる．一方，図の点線で囲まれた領域にガウスの法則を適用すると，電場は

$$E = \frac{\sigma}{\varepsilon_0}$$

で与えられ，導体板の面積が十分大きければ導体板からの距離に依存しない．

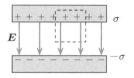

図 4.8 一対の十分に広い導体板の電荷分布

例題 4.4 図 **4.9** に示すような導体球殻を考える．球殻の内径と外径は，それぞれ a と b $(b > a)$ とする．球殻内の空洞の中心に点電荷 Q $(Q > 0)$ を置く．このときの電場と電荷分布を求めよ．

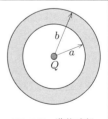

図 4.9 導体球殻

解答　図 **4.10** のように，中心に置かれた点電荷により，導体殻の内側表面には − の電荷が，外側表面には ＋ の電荷が誘起される．導体球殻は帯電していないので，内側と外側の電荷を，それぞれ $-q$，$+q$ とおく．

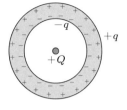

図 4.10　導体球殻の電荷分布

(i) $r < a$ の場合

ガウスの法則を適用することにより，電場の半径方向の成分 E_r は以下のようになる．

$$E_r = \frac{Q}{4\pi\varepsilon_0 r^2}$$

(ii) $a \leq r \leq b$ の場合

同様に，

$$E_r = \frac{Q-q}{4\pi\varepsilon_0 r^2} = 0$$

と与えられる．これより，$Q = q$ であることがわかる．

(iii) $b < r$ の場合

導体球殻は帯電していないので，

$$E_r = \frac{Q}{4\pi\varepsilon_0 r^2}$$

となる．

例題 4.5　　図 **4.11** に示すように，半径 a の導体球を内半径 b，外半径 c $(a < b < c)$ の導体球殻で包み，内球に Q_1，外球に Q_2 の電荷を与えた場合の電場と静電ポテンシャルを求めて図示せよ．ただし，無限遠の静電ポテンシャルをゼロにとる．

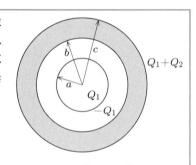

図 4.11　導体球と導体球殻

解答

(i) $c < r$ の場合

ガウスの法則を適用することにより，E_r は次のようになる．

$$E_r = \frac{Q_1 + Q_2}{4\pi\varepsilon_0 r^2}$$

静電ポテンシャルは，無限遠をゼロとするので，

$$\phi = \frac{Q_1 + Q_2}{4\pi\varepsilon_0 r}$$

となる．

(ii) $b \leq r \leq c$ の場合

導体内で電場はゼロなので，電場の半径方向の成分 E_r は $E_r = 0$ になる．

静電ポテンシャルは，$r = c$ で (i) の解と連続になる条件から求められる．

$$\phi = \frac{Q_1 + Q_2}{4\pi\varepsilon_0 c}$$

(iii) $a < r < b$ の場合

ガウスの法則を適用することにより，

$$E_r = \frac{Q_1}{4\pi\varepsilon_0 r^2}$$

静電ポテンシャルは，$r = b$ で (ii) の解と連続になる条件から求められる．

$$\phi = \frac{Q_1}{4\pi\varepsilon_0 r} + \frac{1}{4\pi\varepsilon_0}\left(\frac{Q_1 + Q_2}{c} - \frac{Q_1}{b}\right)$$

(iv) $r \leq a$ の場合

導体内で電場はゼロなので，電場の半径方向の成分 E_r は $E_r = 0$ になる．

静電ポテンシャルは，$r = a$ で (iii) の解と連続になる条件から求められる．

$$\phi = \frac{1}{4\pi\varepsilon_0}\left(\frac{Q_1}{a} - \frac{Q_1}{b} + \frac{Q_1 + Q_2}{c}\right)$$

電場と静電ポテンシャルを図示すると，**図 4.12** のようになる．

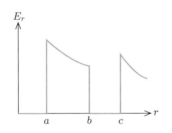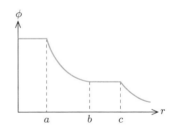

図 4.12　電場 E_r と静電ポテンシャル ϕ

4.3 電気容量

4.3.1　電気容量

　導体を帯電させると，ある場所を基準にその導体に電位が発生する．このことは逆に，電位によって電荷が蓄えられると考えることもできる．このように電位によって電荷を蓄える構造をもった部品をコンデンサー (capacitor) とよぶ．実際に，コンデンサーは電気回路の部品として重要である．1 V の電位を与えて 1 C の電荷が蓄えられるときの電気容量 (electric capacitance) を 1 F（ファラッド）と定義する．すなわち，

導体の電位を V, 帯電した電荷を Q とすると, 電気容量 C は次の式で定義される.

$$Q = CV \tag{4.4}$$

1つ例を考えよう. 空間に1つの導体球を考えて, 電荷 Q を与える. 導体の半径を a とすると, 無限遠を基準にして, 導体の電位 V は,

$$V = \frac{Q}{4\pi\varepsilon_0 a} \tag{4.5}$$

となる (図 **4.13** 参照).

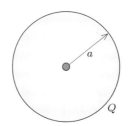

図 4.13　球形コンデンサー

式 (4.4) の定義により, 球形コンデンサーの電気容量 C は,

$$C = 4\pi\varepsilon_0 a \tag{4.6}$$

で与えられる. これにより, 球形コンデンサーの電気容量は導体の半径だけに依存することがわかる. 電気容量の単位 [F] を用いると, 真空の誘電率 ε_0 の単位は [F/m] となる.

例題 4.6　図 **4.14** に示すように, 面積 S の2枚の導体板を間隔 d で平行に配置する. この平行板コンデンサーの電気容量を求めよ. ただし $d^2 \ll S$ とする.

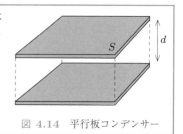

図 4.14　平行板コンデンサー

解答　上下の導体板にそれぞれ $\pm Q$ の電荷を与えると, 例題 4.3 で示したように, コンデンサー内の電場の大きさは, ガウスの法則により $E = Q/S\varepsilon_0$ となる. コンデンサー内で電場は一様なので, 導体板間の電位差 V は, 式 (3.12) より

$$V = \frac{Q}{\varepsilon_0 S}d = \frac{d}{\varepsilon_0 S}Q$$

で与えられる. 電気容量 C の定義より, $C = \varepsilon_0 S/d$ となる.

例題 4.7　真空中に, 地球と同じ大きさの導体球が存在するとする. その物体の電気容量を求めよ. ただし, 地球の半径を $a = 6400\,\mathrm{km}$ とする. 真空の誘電率は, $\varepsilon_0 = 8.85\times10^{-12}\,\mathrm{F/m}$ である.

解答　この導体に電荷 Q を与えると, 無限遠を基準にして, 電位 V は以下のように与えられる (例題 4.1 参照).

$$V = -\int_{\infty}^{a} E(r)\mathrm{d}r = \frac{Q}{4\pi\varepsilon_0 a}$$

電気容量 C の定義 $Q = CV$ より, $C = 4\pi\varepsilon_0 a$. したがって, この物体の電気容量は,

$$C = 4 \times 3.14 \times 8.85 \times 10^{-12} \times 6400 \times 10^3 = 7.11 \times 10^{-4}\,\mathrm{F}$$

である.

　この例題 4.7 から, 1F という電気容量は非常に大きい量であることがわかる. 通常, コンデンサーの電気容量の単位には, $\mu\mathrm{F}(= 10^{-6}\,\mathrm{F})$ や $\mathrm{pF}(= 10^{-12}\,\mathrm{F})$ が使われている.

4.3.2 静電エネルギー

　コンデンサーに蓄えられる静電エネルギー (electrostatic energy) について考えよう. コンデンサーに電荷を与えると, 静電エネルギー U は増加する. このエネルギーは, コンデンサーに電荷を与えるのに必要な仕事 W に等しい.

$$U = W = \int_{0}^{Q} V\mathrm{d}Q' = \frac{1}{2}QV \tag{4.7}$$

ただし, Q は電荷, V は電位である. したがって, コンデンサーの電気容量を C とすると, コンデンサーに蓄えられている静電エネルギーは,

$$U = \frac{1}{2}QV = \frac{Q^2}{2C} = \frac{1}{2}CV^2 \tag{4.8}$$

で表される.

　平行板コンデンサーの蓄えるエネルギーは, 5.4 節で静電場自身がもつエネルギーを導出するときに使う.

4.3.3 電気容量係数と静電誘導係数

　2 個以上の導体があるとき, ある 1 つの導体を帯電させると, ほかのすべての導体の電位は影響を受ける. 本項では, 2 個以上の導体がある場合の電気容量の取り扱いについて考えよう.

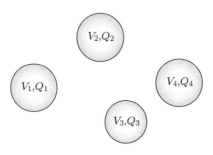

図 4.15 空間に孤立した 4 個の導体

図 **4.15** に示すように，空間に孤立した N 個 $(N \geq 2)$ の導体を考える．i $(i = 1, 2, \cdots, N)$ 番目の導体の電位と電荷を V_i, Q_i と表すことにする．最初に，1 番目の導体に電位 V_1 を与え，その他の導体を接地したとする $(V_2 = V_3 = \cdots = V_N = 0)$．このとき，1 番目の導体と 2 番目以降の導体の電位差はすべて V_1 なので，2 番目以降の導体には，この V_1 に比例した電荷 Q_j が供給される．この比例定数を C_{j1} とすると，

$$Q_1 = C_{11}V_1, \quad Q_2 = C_{21}V_1, \quad Q_3 = C_{31}V_1, \quad \cdots \quad , Q_N = C_{N1}V_1 \tag{4.9}$$

となる．同様に，2 番目の導体に V_2 の電位を与え，その他の導体を接地したとすると，比例定数を C_{j2} として，

$$Q_1 = C_{12}V_2, \quad Q_2 = C_{22}V_2, \quad Q_3 = C_{32}V_2, \quad \cdots \quad , Q_N = C_{N2}V_2 \tag{4.10}$$

となる．順に 3 番目から N 番目までの導体に同様の操作を行っても同様の結果が得られるはずである．いま，静電場は重ね合わせの原理が成り立つので，それらを足し合わせると，

$$
\begin{pmatrix} Q_1 \\ Q_2 \\ \vdots \\ \vdots \\ Q_N \end{pmatrix}
=
\begin{pmatrix}
C_{11} & C_{12} & \cdots & \cdots & C_{1N} \\
C_{21} & C_{22} & \cdots & \cdots & C_{2N} \\
\vdots & \vdots & \ddots & & \vdots \\
\vdots & \vdots & & \ddots & \vdots \\
C_{N1} & C_{N2} & \cdots & \cdots & C_{NN}
\end{pmatrix}
\begin{pmatrix} V_1 \\ V_2 \\ \vdots \\ \vdots \\ V_N \end{pmatrix}
\tag{4.11}
$$

なる関係が得られる．このように，導体系の電荷は，各導体の電位の線形結合で表されることがわかる．この行列の対角成分 C_{ii} を電気容量係数 (capacitance coefficient)，非対角成分 $C_{ij}(i \neq j)$ を静電誘導係数 (coefficient of electrostatic induction) とよぶ．この静電誘導係数には，導体の形などとは無関係に

$$C_{ij} = C_{ji} \tag{4.12}$$

の関係が成り立つことが知られており，これは相反定理 (reciprocal theorem) とよばれている．

例題 4.8 **図 4.16** に示すように半径 a, b の 2 つの球形の導体が，半径に比べて十分大きい距離（中心距離 d）だけ離れて置かれているときの電気容量係数 C_{11}, C_{22} と静電誘導係数 $C_{12}(= C_{21})$ を求めよ．

図 4.16　2 つの導体球

解答　半径 a, b の導体にそれぞれ Q_1, Q_2 の電荷を与えたとき，半径 a の球の電位が V_1 であったとする．無限遠の電位をゼロとする．V_1 は，半径 a の球に帯電した電荷 Q_1 がつくる電位と，半径 b の球に帯電した電荷 Q_2 のつくる電位の和で与えられる．$d \gg b$ なので，電荷 Q_2 のつくる電位は点電荷のつくる電位と見なして差し支えないので，

$$V_1 = \frac{1}{4\pi\varepsilon_0}\left(\frac{Q_1}{a} + \frac{Q_2}{d}\right)$$

となる．半径 b の球の電位が V_2 であったとすると，半径 a の球の電位のときと同様に，

$$V_2 = \frac{1}{4\pi\varepsilon_0}\left(\frac{Q_1}{d} + \frac{Q_2}{b}\right)$$

となる．これらを行列で表現し，

$$\begin{pmatrix} V_1 \\ V_2 \end{pmatrix} = \frac{1}{4\pi\varepsilon_0}\begin{pmatrix} \dfrac{1}{a} & \dfrac{1}{d} \\ \dfrac{1}{d} & \dfrac{1}{b} \end{pmatrix}\begin{pmatrix} Q_1 \\ Q_2 \end{pmatrix}$$

Q_1, Q_2 について解くと

$$\begin{pmatrix} Q_1 \\ Q_2 \end{pmatrix} = \frac{4\pi\varepsilon_0}{d^2 - ab}\begin{pmatrix} ad^2 & -abd \\ -abd & bd^2 \end{pmatrix}\begin{pmatrix} V_1 \\ V_2 \end{pmatrix}$$

となる．したがって，対角成分の電気容量係数は，

$$C_{11} = \frac{4\pi\varepsilon_0}{d^2 - ab}ad^2, \quad C_{22} = \frac{4\pi\varepsilon_0}{d^2 - ab}bd^2$$

非対角成分の静電容量係数は，

$$C_{12} = C_{21} = -\frac{4\pi\varepsilon_0}{d^2 - ab}abd$$

となる．

(4.4) 鏡像法

　本書では，電荷や導体が存在するときの静電場の解法について簡単な例をいくつか示したが，一般には，この問題を解くことは容易ではない．問題を解析的に解くために，特殊関数による展開，等角写像による方法，鏡像法など古くからいろいろな特殊解法が工夫されてきた[†]．本節では，鏡像法 (method of images) という解法について解説する．

4.4.1　導体板と点電荷

　最初に，平らな導体板と点電荷の引力について考えよう．**図 4.17** に示すように，$x \leq 0$ の領域に半無限の導体があり，$x = d$ $(d > 0)$ の位置に電荷 Q の点電荷を置く．点電荷がつくる電場により，導体では Q と異符号の電荷が表面に集まり，導体と点電荷の間には引力がはたらくことになるであろう．一方，導体の表面は等電位になるので，電気力線は常に導体板に垂直に入ることになる．このときには，$x = 0$ で静電ポテンシャル一定となる．

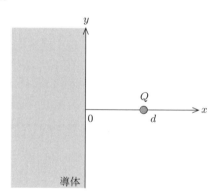

図 4.17　導体板と点電荷

　考え方を変えると，**図 4.18** に示すように，いま考えている系の電気力線は，$x = -d$ の位置に電荷 $-Q$ がある場合の電気力線と非常に類似しているように見える．両者を考えると，どちらもラプラス方程式の解であり，かつ，$x = 0$ で静電ポテンシャル一定という同一の境界条件を満たしていることがわかる．実は，両者は類似しているだけではなく，厳密に等しいのである．したがって，$x > 0$ の領域での静電ポテンシャルは，距離 $2d$ だけ離れた 2 つの点電荷（電荷は $\pm Q$）のつくるポテンシャルに厳密に

[†]　特殊関数による展開と等角写像による方法については，他書にゆずる．

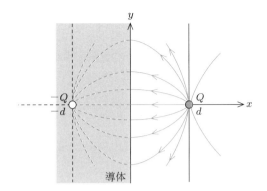

図 4.18 導体板と点電荷のつくる電気力線

等しく,

$$\phi(x,y,z) = \frac{Q}{4\pi\varepsilon_0}\left[\frac{1}{\sqrt{(x-d)^2+y^2+z^2}} - \frac{1}{\sqrt{(x+d)^2+y^2+z^2}}\right] \quad (4.13)$$

と表される. いまの場合, 明らかに表面 $x=0$ で $\phi=0$ となっていることも確認できる. 結局, 導体板と点電荷の引力は,

$$F = \frac{Q^2}{4\pi\varepsilon_0(2d)^2} = \frac{Q^2}{16\pi\varepsilon_0 d^2} \quad (4.14)$$

で与えられる.

このような方法は, 鏡像法とよばれている. $x=-d$ に置いた仮想的な点電荷を鏡像電荷 (image charge) という. 証明は省略するが, この導体板の表面に表れる電荷の総和は, 鏡像電荷に等しいことが知られている.

例題 4.9 上記の導体板と点電荷の問題において, $x>0$ の領域で電場 $\boldsymbol{E}$ を求めよ.

解答 静電ポテンシャル $\phi(x,y,z)$ は式 (4.13) で与えられるので, 電場ベクトル $\boldsymbol{E}$ は, $\boldsymbol{E}=-\nabla\phi$ から一意に決まる. すなわち,

$$E_x = \frac{Q}{4\pi\varepsilon_0}\left\{\frac{x-d}{[(x-d)^2+y^2+z^2]^{3/2}} - \frac{x+d}{[(x+d)^2+y^2+z^2]^{3/2}}\right\}$$

$$E_y = \frac{Q}{4\pi\varepsilon_0}\left\{\frac{y}{[(x-d)^2+y^2+z^2]^{3/2}} - \frac{y}{[(x+d)^2+y^2+z^2]^{3/2}}\right\}$$

$$E_z = \frac{Q}{4\pi\varepsilon_0}\left\{\frac{z}{[(x-d)^2+y^2+z^2]^{3/2}} - \frac{z}{[(x+d)^2+y^2+z^2]^{3/2}}\right\}$$

である.

一方, $x\le 0$ の領域では, 常に $\boldsymbol{E}=0$ である.

4.4.2 導体球と点電荷

前項のほかに鏡像法を用いて厳密解が得られるものに，導体球と点電荷の問題がある．**図 4.19** に示すような導体球と点電荷のつくる電場を考えよう．ここで，導体球は接地されているとする．

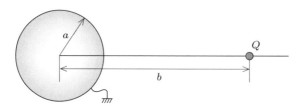

図 4.19 導体球と点電荷

この問題では，球面が等電位面 ($\phi = 0$) になるような鏡像電荷を探すことになる．このような境界条件を満たす鏡像電荷 Q' とその位置 c はすでに知られていて，$Q' = -Q(a/b)$，および球の中心から点電荷の方向に距離 $c = a^2/b$ である（**図 4.20** 参照）．こうすると，球面上の静電ポテンシャルは $\phi = 0$ となる．

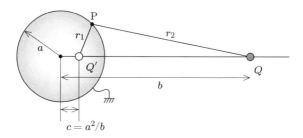

図 4.20 電荷 Q と Q' のつくる静電ポテンシャルは，球面上の点 P でゼロになる

ユークリッド幾何学のアポロニウスの円 (Apollonian circle) の定理を利用して，この鏡像電荷とその位置の条件を求めよう．この定理によれば，**2 点からの距離が一定の比にある点の軌跡は球である**．図 4.20 の場合，2 つの点電荷 Q と Q' が球面上の点 P につくる静電ポテンシャル ϕ は，

$$\phi = \frac{Q'}{4\pi\varepsilon_0 r_1} + \frac{Q}{4\pi\varepsilon_0 r_2} \tag{4.15}$$

で与えられる．球面上で静電ポテンシャル $\phi = 0$ の条件から，

$$\frac{Q'}{r_1} = -\frac{Q}{r_2} \quad \text{または} \quad \frac{r_2}{r_1} = -\frac{Q}{Q'} \tag{4.16}$$

が成り立つ．一方，点 P が点電荷と球の中心を通る直線上にある 2 つの場合を考える

と，アポロニウスの円の定理から，比 r_2/r_1 は一定なので，

$$\frac{r_2}{r_1} = \frac{b+a}{a+c} = \frac{b-a}{a-c} \tag{4.17}$$

が得られる．この式から $c = a^2/b$ が求められ，$r_2/r_1 = a/b$ であることがわかる．この解を (4.16) に代入して，Q' の値が決まる．すなわち，

$$Q' = -\frac{a}{b}Q \tag{4.18}$$

となる．

接地された導体球と点電荷の場合には，現実の導体球の表面に現れる電荷の総和は，鏡像電荷 Q' に等しい．

例題 4.10　図 **4.21** のように，接地された半径 a の導体球があり，外部からその中心を通る直線に沿って，点電荷 q が一定速度 v で接近するとき，導体球から接地導線に流れる電流を求めよ．横軸座標 x の原点は導体球の中心にあるとする．ここで電流とは，単位時間あたりの電荷の移動量である（第 6 章参照）．

図 4.21　半径 a の導体球に点電荷 q が速度 v で接近

解答　点電荷 q が座標 x の位置にあるとき，球に誘導される全電荷 q' は鏡像電荷であるから，式 (4.18) より $q' = -aq/x$ となる．これより，地面に流れる電流は，以下のように与えられる．

$$-\frac{\mathrm{d}q'}{\mathrm{d}t} = -\frac{aq}{x^2}\frac{\mathrm{d}x}{\mathrm{d}t} = \frac{aqv}{x^2}$$

ここで，$\dfrac{\mathrm{d}x}{\mathrm{d}t} = -v$ である．

4.4.3　一様な電場中の導体球

鏡像法の考え方を使って，一様な電場中の導体球（半径 a）の問題を考えよう．図 **4.22** のように，一様な電場の方向を z 軸にとり，外場の大きさは，E_e とする．導体球の中心を原点にとり，原点での外場の静電ポテンシャルをゼロとする．

最初に，十分離れた符号の違う 2 つの点電荷を考える．2 つの点電荷の中点付近で

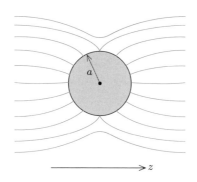

図 4.22　一様な電場中の導体

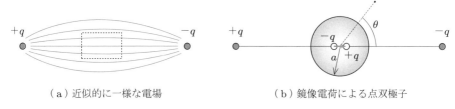

（ａ）近似的に一様な電場　　　　　　　　　（ｂ）鏡像電荷による点双極子

図 4.23　一様電場中の導体球に対する鏡像法の適用

は，近似的に一様な電場がつくられる（**図 4.23**(a) 参照）．もしこの中点付近に導体球を置くならば，導体球によって変化する導体球の周りの電場は，2 つの点電荷と導体球の鏡像電荷によって求められるはずである．これらの鏡像電荷は，原点を挟んで原点にきわめて近い位置にある異符号の 2 つの点電荷となる（図 (b) 参照）．この 2 つの電荷は点双極子であることに注意されたい．

　次に，この原点に置かれた点双極子 $\boldsymbol{p}(=(0,0,p))$ の大きさを求めよう．3.3 節で議論した電気双極子の静電ポテンシャルを用いると，導体球の外部 $(r > a)$ の静電ポテンシャルは，球座標で

$$\phi(r,\theta) = -E_{\mathrm{e}}\, r\cos\theta + \frac{\boldsymbol{p}\cdot\boldsymbol{r}}{4\pi\varepsilon_0 r^3} \tag{4.19}$$

と書ける．ここで θ は z 軸からの角度とする（図 (b) 参照）．したがって，導体球の表面 $(r = a)$ で $\phi = 0$ となる条件は，

$$p = 4\pi\varepsilon_0 a^3 E_{\mathrm{e}} \tag{4.20}$$

となる．この式は，**一様電場 E_{e} 中に半径 a の導体球を置いたときの鏡像電荷は，導体球の中心に式 (4.20) で与えられる点双極子を置くことに等しい**ということを示している．

例題 4.11　　一様な電場中の導体球の問題において，導体球の外部 $(r > a)$ の領域で電場 $\boldsymbol{E}$ の極座標の成分 E_r と E_θ を求めよ．

解答　式 (4.19) を使うと，電場 $\boldsymbol{E}$ は，デカルト座標の成分を用いて以下のように与えられる．

$$E_x = -\frac{\partial \phi}{\partial x} = \frac{3pz}{4\pi\varepsilon_0 r^4}\left(\frac{\partial r}{\partial x}\right) = \frac{3pxz}{4\pi\varepsilon_0 r^5}$$

$$E_y = -\frac{\partial \phi}{\partial y} = \frac{3pz}{4\pi\varepsilon_0 r^4}\left(\frac{\partial r}{\partial y}\right) = \frac{3pyz}{4\pi\varepsilon_0 r^5}$$

$$E_z = -\frac{\partial \phi}{\partial z} = E_{\mathrm{e}} - \frac{p}{4\pi\varepsilon_0 r^3} + \frac{3pz^2}{4\pi\varepsilon_0 r^5}$$

ここで，$z = r\cos\theta, r = \sqrt{x^2 + y^2 + z^2}$ を用いた．図 4.22 において紙面上で z 軸に垂直な方向を x 軸とすると，xz 平面の電場の極座標成分は，式 (4.20) を用いて以下のようになる．

$$E_r = E_x \sin\theta + E_z \cos\theta = E_{\mathrm{e}}\cos\theta + \frac{2p\cos\theta}{4\pi\varepsilon_0 r^3} = \left(1 + \frac{2a^3}{r^3}\right)E_{\mathrm{e}}\cos\theta$$

$$E_\theta = E_x \cos\theta - E_z \sin\theta = -E_{\mathrm{e}}\sin\theta + \frac{p\sin\theta}{4\pi\varepsilon_0 r^3} = \left(-1 + \frac{a^3}{r^3}\right)E_{\mathrm{e}}\sin\theta$$

注意　この微分の計算は，3.1.1 項の式 (3.6) を用いて求めることもできる．

演習問題

4.1　半径 a の長い直線状の導線が 2 本あり，中心間の距離が d だけ離れて平行に置かれている．$d \gg a$ とするとき，単位長さあたりの電気容量 C を求めよ．

4.2　同軸円筒コンデンサーの内径 a，外径 b の間の空間の単位長さあたりの電気容量 C を求めよ．

4.3　半径 a の導体球の中心から距離 $r(r > a)$ の点に点電荷を置く．導体球が接地されている場合と接地されていない場合に分けて，点電荷にはたらく力を求めよ．ただし，非接地の場合，導体球は帯電していないとする．

4.4　無限に広い導体表面を考える．表面から距離 a の位置に，電荷 Q の点電荷を置く．この電荷を無限遠まで引き離すために必要な仕事を求めよ．

4.5　3 枚の導体板 A, B, C を順に平行板コンデンサーのように並べて，導体板 A と C を導線で接続した．真ん中の導体板 B に電荷 Q を与えたとき，導体板間に生じる電場を求めよ．ただし，導体板の面積を S，AB と BC 間の距離を d_1 と d_2 とする．ただし，導体板の厚さは無視できるとする．

4.6　電極面積 S，電極間隔 d の平行板コンデンサーに電荷 Q を与えたとき，電極間にはたらく力 F を求めよ．これは，引力か斥力か．

5

誘電体中の静電場

　誘電体に電場を印加すると電気分極が誘起される．この分極が大きい誘電体をコンデンサーに挿入することは電気容量を大きくすることにつながるので，産業応用の観点からも重要である．本章では，電束密度という量を導入し，誘電体中の電場の問題と，異なる誘電体の境界面の問題を解説する．最後に，電場自身のもつエネルギーについても解説する．

5.1 電気分極と電束密度

5.1.1 分　極

　絶縁体に電場を印加する場合を考えよう[†]．一般にすべての物質は原子からできている．絶縁体に電場 $\boldsymbol{E}$ を印加すると，物質を構成している原子核 $(+)$ と束縛電子 $(-)$ は，それぞれ逆方向に力を受ける．その結果，プラスとマイナスの電荷は，それぞれ，たがいに逆方向にわずかに変位して，電気双極子モーメント (electric dipole moment) $\boldsymbol{\mu}$ がつくられる（図 **5.1** 参照）．単位体積あたりの電気双極子モーメント $\boldsymbol{\mu}$ の総和を電気分極 (electric polarization) または，単に分極とよび，$\boldsymbol{P}$ で表すことにする．いま，体積を V とすると，

$$\boldsymbol{P} = \frac{1}{V} \sum_i \boldsymbol{\mu}_i \tag{5.1}$$

のように定義される．この $\boldsymbol{P}$ の単位は，$\boldsymbol{\mu}\,[\mathrm{C \cdot m}]$ を $V\,[\mathrm{m^3}]$ で割るので，$[\mathrm{C/m^2}]$（表面電荷密度と同じ）となる．電気双極子がそうであったように，分極ベクトルもマイ

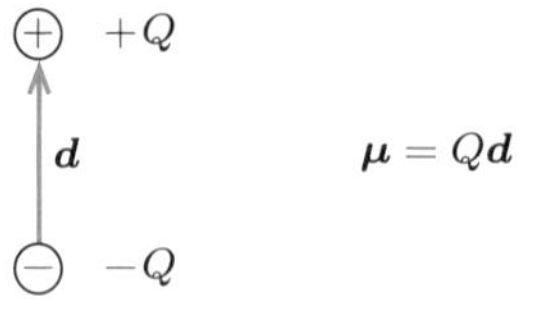

図 5.1　電気双極子モーメント

[†] 電場中に絶縁体を置くと，絶縁体内部の電場は，外部の電場よりも小さくなる．これを避けるために，多くの実験では，絶縁体に電極を付けて電極間の電位差によって電場を印加する．

ナス電荷からプラス電荷に向かう方向にとることに注意しよう.

図 5.2 からわかるように,もし分極 $\boldsymbol{P}$ が一様であるならば,絶縁体の内部では分極のプラスとマイナスが打ち消し合って電荷が生じることはない.しかし,絶縁体表面では,分極の電荷が打ち消されることなく残ることになる.この絶縁体の表面に現れる電荷は,分極 $\boldsymbol{P}$ の発生によって生じた見かけ上の電荷であり,自由電荷 (free charge) または真電荷 (true charge) と区別するために,束縛電荷 (bound charge) または分極電荷 (polarization charge) とよばれている.絶縁体表面に現れる分極電荷の面密度 σ_{p} は,表面の単位法線ベクトル $\boldsymbol{n}$ を用いて,

$$\sigma_{\mathrm{p}} = \boldsymbol{P} \cdot \boldsymbol{n} \tag{5.2}$$

で与えられる.この式は,分極の単位が $[\mathrm{C/m^2}]$ であることを考えれば明らかである.

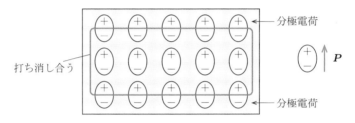

図 5.2 分極と分極電荷

以上のように,絶縁体の電気的特性では,電場 $\boldsymbol{E}$ によって誘起される電気分極 $\boldsymbol{P}$ が重要な役割を果たすことになる.このような理由から,絶縁体のことを誘電体 (dielectrics) とよぶことがある.本書ではこれ以降,絶縁体のことを誘電体とよぶことにする.

例題 5.1 HCl 分子 1 個の電気双極子モーメントの大きさは $\mu = 3.4 \times 10^{-30}\,\mathrm{C \cdot m}$ である.(図 5.3 参照)水素原子 H と塩素原子 Cl の距離 d を $0.13\,\mathrm{nm}$ として,移動した電荷の大きさ Q を求めよ.

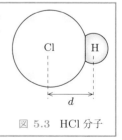

図 5.3 HCl 分子

解答 電気双極子モーメントの定義は,$\mu = Qd$ なので,

$$Q = \frac{\mu}{d} = 2.6 \times 10^{-20}\,\mathrm{C}$$

となる.

この値は,電子の電荷の大きさ $e\,(= 1.60 \times 10^{-19}\,\mathrm{C})$ を用いて,$0.16\,e$ であることがわかる.

5.1.2 分極電荷

本項では，分極電荷について解説する．最初に，電場 E によって分極 P が誘起された誘電体を考えよう．一般に，分極 P は場所の関数，すなわちベクトル場をつくるので，$P = P(r)$ と書くことができる．この分極の場によってつくられる電荷が分極電荷 Q_p である．その特徴としては，物質から取り出すことはできないことと，物質全体にわたって和をとると必ずゼロになることが挙げられる．

図5.4 に示すように，空間内に有限の大きさの誘電体が存在し，その誘電体の一部を含むような閉曲面の領域 S を考える．誘電体内部で分極 P は一様であるとし，その両端には，それぞれ，$-Q_p$ と $+Q_p$ の分極電荷が現れるとする．もちろん，誘電体の右端と左端の分極電荷を足し合わせればゼロになる．

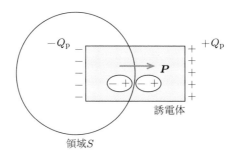

図 5.4 領域 S 内の分極電荷

領域 S の内部の分極電荷は分極 $P(r)$ によって生じるので，領域 S 内の分極電荷の総和はゼロになる．分極が一様と仮定すると，領域 S の境界面での電荷の移動から誘電体の左端の分極電荷が求められるはずである．分極 $P(r)$ の発生により，領域 S の境界面の面積要素 dS では，仮想的に $dQ_p = +P \cdot n \, dS$ の微小電荷が領域の中に残され，領域 S のわずかに外部には，仮想的に $dQ_p = -P \cdot n \, dS$ の電荷が押し出される．この境界面での分極電荷は直接現れることはないが，境界面で誘電体を切断すれば観測できる．

領域 S の内部の分極電荷の総和はゼロなので，領域内の誘電体の左端の電荷を Q とおくと，Q と上で示した $dQ_p = +P \cdot n \, dS$ の境界面での積分の和はゼロになるはずである．したがって，

$$Q = -\int_S P \cdot n \, dS \tag{5.3}$$

と書ける．図5.4では，$Q = -Q_p$ である．

式 (5.3) は，ガウスの法則 (2.8) と類似しており，分極 P もガウスの法則に従うこ

とを暗示している．実際に，分極電荷密度 $\rho_{\mathrm{p}}(\boldsymbol{r})$ を用いて式 (5.3) を書き換えると，積分形式で，

$$\int_S \boldsymbol{P} \cdot \boldsymbol{n} \, \mathrm{d}S = - \int_V \rho_{\mathrm{p}}(\boldsymbol{r}) \, \mathrm{d}V \tag{5.4}$$

となる．1.2 節に示したガウスの定理を用いると，微分形式で以下のように書ける．

$$\rho_{\mathrm{p}} = -\nabla \cdot \boldsymbol{P} \tag{5.5}$$

図 5.4 を使った説明では，誘電体内の分極を一様としたが，分極の場が不均一であれば，式 (5.5) で与えられる分極電荷密度が表れることになる．

　次に，一様な外部電場 $\boldsymbol{E}_{\mathrm{e}}$ の中に存在する誘電体を考察しよう．誘電体内部の電場は，分極電荷のつくる電場 $\boldsymbol{E}_{\mathrm{d}}$ によって弱められ，外部電場 $\boldsymbol{E}_{\mathrm{e}}$ よりも小さくなることが知られている．**図 5.5** に示すように，一様な電場 $\boldsymbol{E}_{\mathrm{e}}$ 中に存在する厚さ一定の十分に広い面積をもつ誘電体板を考える．電場 $\boldsymbol{E}_{\mathrm{e}}$ によって分極 $\boldsymbol{P}$ が発生し，誘電体表面には，面電荷密度 $\pm\sigma$ の分極電荷が表れる．ここで，電場によって誘起される分極を誘起分極とよぶ．この電荷は大きさ E_{d} の電場をつくるので，誘電体内の電場の大きさ E は，

$$E = E_{\mathrm{e}} - E_{\mathrm{d}} \tag{5.6}$$

となる．電場のガウスの法則から $E_{\mathrm{d}} = \sigma/\varepsilon_0$ が得られ，さらに式 (5.2) を用いると，

$$E = E_{\mathrm{e}} - \frac{P}{\varepsilon_0} \quad \left(E_{\mathrm{d}} = \frac{P}{\varepsilon_0} \right) \tag{5.7}$$

と与えられることになる．この $\boldsymbol{E}_{\mathrm{d}}$ は分極電荷によってつくられる電場で，外部電場を弱めるようにはたらくので，反分極電場 (depolarization field) とよばれている．もちろん，p. 56 の脚注に示したように，試料に電極を取り付けて，電圧によって電場 $\boldsymbol{E}$ を印加する場合には反分極電場の効果を考える必要はない．

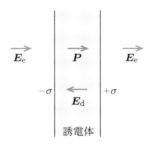

図 5.5　一様な電場 $\boldsymbol{E}_{\mathrm{e}}$ 中の誘電体板

5.1.3 電束密度

誘電体を含む系のガウスの法則を考えよう．ある閉曲面 S に適用したガウスの法則は，

$$\varepsilon_0 \int_S \boldsymbol{E} \cdot \boldsymbol{n} \, \mathrm{d}S = Q \tag{5.8}$$

である．ここで，Q は分極電荷を含んだ閉曲面 S 内のすべての電荷である．真電荷 Q_t と分極電荷 Q_p を区別して，$Q = Q_\mathrm{t} + Q_\mathrm{p}$ と書くことにする．式 (5.3) から，

$$\varepsilon_0 \int_S \boldsymbol{E} \cdot \boldsymbol{n} \, \mathrm{d}S = Q_\mathrm{t} - \int_S \boldsymbol{P} \cdot \boldsymbol{n} \, \mathrm{d}S \tag{5.9}$$

と書ける．これより，以下の式を得る．

$$\int_S (\varepsilon_0 \boldsymbol{E} + \boldsymbol{P}) \cdot \boldsymbol{n} \, \mathrm{d}S = Q_\mathrm{t} \tag{5.10}$$

この式は任意の閉曲面について成立し，ガウスの法則と等価である．ここで，ガウスの法則を簡単に表現するために，電束密度 (electrical flux density) $\boldsymbol{D}$ を導入しよう．

$$\boldsymbol{D} = \varepsilon_0 \boldsymbol{E} + \boldsymbol{P} \tag{5.11}$$

これにより，誘電体のガウスの法則は以下のように簡単に表現することができる．

$$\int_S \boldsymbol{D} \cdot \boldsymbol{n} \, \mathrm{d}S = Q_\mathrm{t} \tag{5.12}$$

誘電体を考える場合，電束密度 $\boldsymbol{D}$ を用いると分極電荷のことを考えなくてもよいので，$\boldsymbol{D}$ は便利な量とも言える．

例題 5.2 式 (5.12) を微分形式で表せ．

解答 真電荷 Q_t を真電荷密度 ρ_t を用いて表すと，式 (5.12) は，

$$\int_S \boldsymbol{D} \cdot \boldsymbol{n} \, \mathrm{d}S = \int_V \rho_\mathrm{t} \mathrm{d}V$$

これにガウスの法則を用いると，

$$\int_V (\nabla \cdot \boldsymbol{D} - \rho_\mathrm{t}) \mathrm{d}V = 0$$

これより，式 (5.12) で示された誘電体におけるガウスの法則の微分形式は，

$$\nabla \cdot \boldsymbol{D} = \rho_\mathrm{t}$$

となる．

注意 電束密度のガウスの法則を計算するとき，寄与する電荷は真電荷だけであることに注意する．

5.2 電気感受率と誘電率

　誘電体に電場 E を印加すると分極が誘起されることはすでに述べたが，通常，それほど大きくない電場のもとで，誘起分極 P は電場 E に比例する．すなわち，

$$P = \varepsilon_0 \chi E \tag{5.13}$$

となる．ここで，比例定数 χ を電気感受率 (dielectric susceptibility) とよぶ．一方，式 (5.11) の $D = \varepsilon_0 E + P$ から，電束密度 D は，

$$D = \varepsilon_0 (1 + \chi) E = \varepsilon_0 \varepsilon_r E = \varepsilon E \tag{5.14}$$

と書くことができる．ここで，ε を誘電率 (dielectric constant)，$\varepsilon_r = 1 + \chi$ を比誘電率 (relative dielectric constant) とよぶ．電気感受率 χ と比誘電率 ε_r は無次元量である．

　この比誘電率 ε_r は物質によって異なる値をとる．同じ物質であっても，印加する電場の周波数や温度にも依存する量なので注意を要する．この比誘電率 ε_r という量は，物質の誘電的性質を表す量として重要である．よく知られている物質の比誘電率を**表 5.1** に示しておく．特徴としては，ほとんどの気体の比誘電率はほぼ 1 であり，液体は小さい誘電率を示すものが多い．しかし，液体であっても水のように 80 という大きい比誘電率を示すものもある．一方，固体では比誘電率が 10 程度の物質が多いが，なかには数千という大きい比誘電率を示すものがあり，これらの多くは，強誘電体とよばれる物質に属している．物質の比誘電率の値を理解するためには，物性物理学の知識が必要になる．

表 5.1　典型的な物質の比誘電率

物質	比誘電率
乾燥空気（気体，20°C）	1.0005
水蒸気（気体，100°C）	1.0060
水（液体，20°C）	88
エタノール（液体，25°C）	24
ベンゼン（液体，20°C）	2.3
シリコーン油（液体，20°C）	2.2
アルミナ（固体，20°C）	8.5
雲母（固体，20°C）	7.0
NaCl（固体，20°C）	4.8
$BaTiO_3$（固体，20°C）	5000〜10000

例題 5.3　厚さ d, 面積 S, 比誘電率 ε_r の誘電体板の両面に, **図 5.6** のように電極を付けて平行板コンデンサーをつくり, 電圧 V を印加した. 誘電体板の内部の電場 E と誘起分極 P を求めよ. ただし, $S \gg d^2$ とする. 次に, この平行板コンデンサーの電気容量を求めよ.

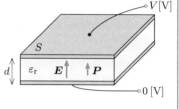

図 5.6　電極を付けた誘電体板

解答　誘電体板の内部の電場は一様なので, $E = V/d$ で与えられる. 電気感受率が $\varepsilon_\mathrm{r} - 1$ であることに注意すると, 分極は $P = \varepsilon_0(\varepsilon_\mathrm{r} - 1)E$ となる.

電束密度 D の定義は $D = \varepsilon_0 E + P$ であり, 電極上の電荷 Q は $Q = DS$ であることを使うと,

$$Q = \varepsilon_0 \frac{V}{d}S + \varepsilon_0(\varepsilon_\mathrm{r} - 1)\frac{V}{d}S = \varepsilon_0 \varepsilon_\mathrm{r} \frac{S}{d}V$$

となる. 電気容量 C の定義 $Q = CV$ より, $C = \varepsilon_0 \varepsilon_\mathrm{r} S/d$ となる.

注意　コンデンサーに比誘電率 ε_r の誘電体を挿入すると, 電気容量は ε_r 倍になることがわかる.

例題 5.4　**図 5.7** に示すように, 厚さ d, 比誘電率 ε_r の十分に広い誘電体板を一様な電場 E_0 の中に垂直に置くとき, 板面に現れる分極電荷密度 σ, 誘電体内の誘起分極 P と電場 E を求めよ.

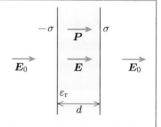

図 5.7　電極を付けた誘電体板

解答　式 (5.2) より, $P = \sigma$ となる. 式 (5.7) を適用すると,

$$E = E_0 - \frac{P}{\varepsilon_0}$$

となり, また, $P = \varepsilon_0(\varepsilon_\mathrm{r} - 1)E$ となる. これらの連立方程式を解くと,

$$P = \sigma = \frac{\varepsilon_\mathrm{r} - 1}{\varepsilon_\mathrm{r}}\varepsilon_0 E_0, \quad E = \frac{1}{\varepsilon_\mathrm{r}}E_0$$

と求められる.

注意　誘電体を電場中に置くときには, 誘電体内の電場は, 誘電体の比誘電率の逆数に比例して小さくなってしまうことがわかる. このようなことを避けるために, 多くの場合, 誘電体に電場を印加するには, 例題 5.3 のように電極からの電圧によって電場を印加する.

例題 5.5　**図 5.8** に示すように，一様に帯電した半径 a の誘電体球を考える．全電荷を Q，誘電体球の比誘電率を ε_r，中心からの距離を r とする．球の外は真空であるとして，中心からの距離 $r(>0)$ での電位を求めよ．

図 5.8　一様に帯電した
誘電体球

解答

(i) $a < r$ のとき

ガウスの法則より，電束密度 D は，

$$4\pi r^2 D = Q$$

と与えられ，球外では比誘電率は 1 であるので，電場 E は

$$E = \frac{Q}{4\pi\varepsilon_0 r^2}$$

となり，電位は以下のように与えられる．

$$\phi(r) = -\int_\infty^r E \mathrm{d}r' = -\int_\infty^r \frac{Q}{4\pi\varepsilon_0 r'^2}\,\mathrm{d}r' = \frac{Q}{4\pi\varepsilon_0 r}$$

(ii) $a \geq r$ のとき

半径 r の球の内部の電荷は $(r/a)^3 Q$ と表されるので，ガウスの法則を適用すると，

$$E = \frac{Qr}{4\pi\varepsilon_0\varepsilon_\mathrm{r} a^3}$$

となる．誘電体表面で (i) の解と連続になるように電位を選ぶと，以下のようになる．

$$\phi(r) = \phi(a) - \int_a^r \frac{Qr'}{4\pi\varepsilon_0\varepsilon_\mathrm{r} a^3}\,\mathrm{d}r' = \frac{Q}{4\pi\varepsilon_0 a}\left(\frac{a^2 - r^2}{2\varepsilon_\mathrm{r} a^2} + 1\right)$$

5.3　誘電体の境界条件

　本節では，異なる誘電率をもつ 2 つの物質が接触したとき，その境界面において電場 $\boldsymbol{E}$ と電束密度 $\boldsymbol{D}$ が満たすべき境界条件について考える．2 種類の誘電体の比誘電率をそれぞれ ε_1 と ε_2 とする．**図 5.9** のように，この境界面を取り囲むきわめて薄い閉曲面の領域を考えよう．上下の面の面積を ΔS，厚さを l とし，ΔS，l は十分小さいとする．境界面に真電荷がない条件（分極電荷は境界面に存在する）で，この領域に，式 (5.12) のガウスの法則

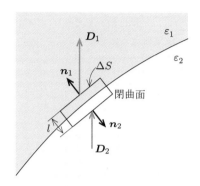

図 5.9　異なる比誘電率をもつ誘電体の境界面（法線成分）

$$\int \boldsymbol{D} \cdot \boldsymbol{n}\, \mathrm{d}S = 0 \tag{5.15}$$

を適用すると，

$$\boldsymbol{D}_1 \cdot \boldsymbol{n}_1\, \Delta S + \boldsymbol{D}_2 \cdot \boldsymbol{n}_2\, \Delta S = 0 \tag{5.16}$$

となる．図 5.9 より，明らかに $\boldsymbol{n}_1 = -\boldsymbol{n}_2$ なので，これを $\boldsymbol{n}(=\boldsymbol{n}_1 = -\boldsymbol{n}_2)$ とおくと，

$$(\boldsymbol{D}_1 - \boldsymbol{D}_2) \cdot \boldsymbol{n} = \varepsilon_0 (\varepsilon_1 \boldsymbol{E}_1 - \varepsilon_2 \boldsymbol{E}_2) \cdot \boldsymbol{n} = 0 \tag{5.17}$$

が成り立つ．この式から，異なる比誘電率をもつ誘電体の境界面では，電束密度 $\boldsymbol{D}$ の法線成分が連続になることがわかる．さらに，この式から，電場 $\boldsymbol{E}$ の法線成分は連続ではないことも確認できる．

　次に，境界面の接線成分の条件も明らかにしておこう．**図 5.10** のように，この境界

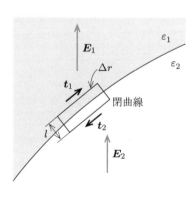

図 5.10　異なる比誘電率をもつ誘電体の境界面（接線成分）

面を取り囲む小さな閉曲線を考える。ここで，それぞれの領域の比誘電率を ε_1 と ε_2 とする。境界線に平行な単位ベクトルを

$$t = t_1 = -t_2 \tag{5.18}$$

とする。境界面に沿った辺の長さを Δr，境界面に垂直な辺の長さを l とする。閉曲線の辺の長さ l がゼロの極限で，この領域に，渦なしの条件（3.2 節参照）

$$\int \boldsymbol{E} \cdot \mathrm{d}\boldsymbol{r} = 0 \tag{5.19}$$

を適用すると，

$$\boldsymbol{E}_1 \cdot \boldsymbol{t}_1 \Delta r + \boldsymbol{E}_2 \cdot \boldsymbol{t}_2 \Delta r = (\boldsymbol{E}_1 - \boldsymbol{E}_2) \cdot \boldsymbol{t} \Delta r = 0 \tag{5.20}$$

となる。この式から，誘電体の境界面では，電場 $\boldsymbol{E}$ の接線成分が連続になることがわかる。一方，式 (5.20) を書き換えた式

$$\frac{1}{\varepsilon_0} \left(\frac{1}{\varepsilon_1} \boldsymbol{D}_1 - \frac{1}{\varepsilon_2} \boldsymbol{D}_2 \right) \cdot \boldsymbol{t} = 0 \tag{5.21}$$

から，電束密度 $\boldsymbol{D}$ の接線方向の成分は連続ではないことが確認できる。

以上の結果を用いて，電場 $\boldsymbol{E}$ と電束密度 $\boldsymbol{D}$ に関する誘電体の境界面での条件を考察しよう。**図 5.11** に示すように，電束密度の法線方向の連続性を示す式 (5.17) から，

$$|\boldsymbol{D}_1| \cos \alpha_1 = |\boldsymbol{D}_2| \cos \alpha_2 \tag{5.22}$$

が得られ，一方，接線成分については，式 (5.21) から，

$$\frac{1}{\varepsilon_1} |\boldsymbol{D}_1| \sin \alpha_1 = \frac{1}{\varepsilon_2} |\boldsymbol{D}_2| \sin \alpha_2 \tag{5.23}$$

が得られる。これらを組み合わせると，

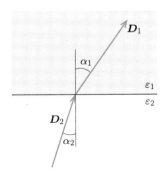

図 5.11 電場または電束密度の屈折の法則

$$\frac{\tan \alpha_1}{\tan \alpha_2} = \frac{\varepsilon_1}{\varepsilon_2} = -\text{定} \tag{5.24}$$

となる．これはまさに，図 5.11 に示すような屈折の法則を表している．これらの条件は，異なる誘電率をもつ物質の境界面を計算するときに重要である．

例題 5.6　式 (5.24) は，2 つの誘電体の境界面における電束密度 $\boldsymbol{D}$ に関する屈折の法則を示している．この式が電場 $\boldsymbol{E}$ に関しても成り立つことを示せ．

解答　図 5.11 に示された電束密度を電場と考える．式 (5.17)，(5.21) より，

$$\varepsilon_1 |\boldsymbol{E}_1| \cos \alpha_1 = \varepsilon_2 |\boldsymbol{E}_2| \cos \alpha_2, \quad |\boldsymbol{E}_1| \sin \alpha_1 = |\boldsymbol{E}_2| \sin \alpha_2$$

と書ける．これらを組み合わせると，

$$\frac{\tan \alpha_1}{\tan \alpha_2} = \frac{\varepsilon_1}{\varepsilon_2} = -\text{定}$$

が得られる．これより，式 (5.24) は電場に関しても成り立つことがわかる．

例題 5.7　図 **5.12** に示すように，2 枚の平行導体板（間隔 $d_1 + d_2$）の間に，比誘電率 ε_1（厚さ d_1）と ε_2（厚さ d_2）の誘電体を満たし，電圧 V_0 を印加した．下の導体板からの高さを x とし，導体板間の電位 V を座標 x の関数として求めよ．ただし，$x = 0$ の電位をゼロとする．

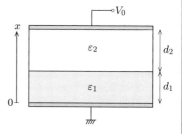

図 5.12　異なる誘電体を詰めた平板コンデンサー

解答　比誘電率 $\varepsilon_1, \varepsilon_2$ の誘電体の内部の電場を，それぞれ E_1, E_2 とする．式 (5.17) より，電束密度 D は $0 < x < d_1 + d_2$ で一定であるので，$E_1 = D/\varepsilon_0 \varepsilon_1$, $E_2 = D/\varepsilon_0 \varepsilon_2$ で与えられる．これより電位 $V(x)$ は，$0 \le x \le d_1$ で $V(x) = E_1 x = Dx/\varepsilon_0 \varepsilon_1$, $d_1 < x \le d_1 + d_2$ で，$V(x) = D[d_1/\varepsilon_0 \varepsilon_1 + (x - d_1)/\varepsilon_0 \varepsilon_2]$ と書ける．

上側の導体板 $(x = d_1 + d_2)$ で電位 $V_0 = D(d_1/\varepsilon_0 \varepsilon_1 + d_2/\varepsilon_0 \varepsilon_2)$ となるので，

$$D = \frac{\varepsilon_0 \varepsilon_1 \varepsilon_2}{\varepsilon_1 d_2 + \varepsilon_2 d_1} V_0$$

が得られる．これから，以下のようになる．

$$V(x) = \begin{cases} \dfrac{V_0}{\varepsilon_1 d_2 + \varepsilon_2 d_1} \varepsilon_2 x & (0 \le x \le d_1) \\[3mm] \dfrac{V_0}{\varepsilon_1 d_2 + \varepsilon_2 d_1} [\varepsilon_2 d_1 + \varepsilon_1 (x - d_1)] & (d_1 < x \le d_1 + d_2) \end{cases}$$

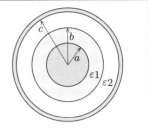

例題 5.8　**図 5.13** に示すように，内径 c の導体球殻の内部に，半径 a $(a < c)$ の導体球を置く．2 つの導体の中心は一致していて，中心からの距離を r とする．この空洞内部の $a \leq r \leq b$ と $b < r \leq c$ の領域が，それぞれ比誘電率 ε_1 と ε_2 の誘電体で満たされているとする．このとき，2 つの導体の間の電気容量を求めよ．

図 5.13　異なる誘電体を詰めた球形コンデンサー

解答　このコンデンサーは球対称であり，2 つの誘電体の境界面で，電束密度は境界面に垂直である．問題を解くために，中心の導体球に電荷 Q を与えると，例題 5.5 と同様に，誘電体内 $(a \leq r \leq c)$ のいたるところで，

$$D(r) = \frac{Q}{4\pi r^2}$$

と書ける．$a \leq r \leq b$ と $b < r \leq c$ の領域の電場は，それぞれ，

$$E_1(r) = \frac{Q}{4\pi\varepsilon_0\varepsilon_1 r^2} \quad \text{および} \quad E_2(r) = \frac{Q}{4\pi\varepsilon_0\varepsilon_2 r^2}$$

と表される．これより，2 つの導体球の間の電位差 V は，金属殻の電位を基準にとると，

$$V = -\int_c^b E_2(r)\,\mathrm{d}r - \int_b^a E_1(r)\,\mathrm{d}r = \frac{Q}{4\pi\varepsilon_0\varepsilon_2}\left(\frac{1}{b} - \frac{1}{c}\right) + \frac{Q}{4\pi\varepsilon_0\varepsilon_1}\left(\frac{1}{a} - \frac{1}{b}\right)$$

となる．電気容量 C は $C = Q/V$ で与えられるので，以下のようになる．

$$C = \frac{4\pi\varepsilon_0\varepsilon_1\varepsilon_2}{\varepsilon_2\left(\dfrac{1}{a} - \dfrac{1}{b}\right) + \varepsilon_1\left(\dfrac{1}{b} - \dfrac{1}{c}\right)}$$

　本書の「まえがき」にも書いたように，本書では E - B 対応の形式（詳細は第 8 章参照）を採用した．それによると，**真電荷が周りの空間に電束密度 D をつくり，それから求まる電場 E がほかの電荷に作用を及ぼす**と考えることができる．例題 5.7, 5.8 の解法は，まさにこの考え方に沿ったものになっている．

例題 5.9　　図 **5.14** に示すように，内径 c の球形の導体球殻の内部に，半径 a $(a < c)$ の導体球を置く．2 つの球の中心は一致していて，中心からの距離を r とする．この空洞内部の上半分と下半分を，それぞれ比誘電率 ε_1 と ε_2 の誘電体で満たしたとする．このとき，2 つの導体球の間の電気容量を求めよ．

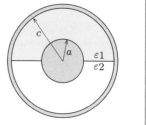

図 **5.14**　異なる誘電体を詰めた球形コンデンサー

解答　このコンデンサーの内部で，電場は r の方向を向いているので，2 つの誘電体の境界面で，電場は境界面に平行である．式 (5.20) より，電場は境界面で連続であるから，k を未知の定数として，誘電体内のいたるところで

$$E(r) = \frac{k}{4\pi r^2}$$

と書けるはずである．この k を決めるために，中心導体に電荷 Q を置いて，半径 r $(a < r < c)$ の球面にガウスの法則を適用する．

$$\int D(r)\,\mathrm{d}S = Q$$

電束密度の表面積分は，

$$\int D(r)\,\mathrm{d}S = \varepsilon_0\varepsilon_1 \int_{上半球} E(r)\,\mathrm{d}S + \varepsilon_0\varepsilon_2 \int_{下半球} E(r)\,\mathrm{d}S = \frac{k\varepsilon_0\varepsilon_1}{2} + \frac{k\varepsilon_0\varepsilon_2}{2}$$

となり，これより，

$$k = \frac{2Q}{\varepsilon_0(\varepsilon_1 + \varepsilon_2)}$$

となる．2 つの導体球間の電位差 V は，導体球殻の電位を基準にとると，

$$V = -\int_c^a E(r)\mathrm{d}r = \frac{Q}{2\pi\varepsilon_0(\varepsilon_1 + \varepsilon_2)}\left(\frac{1}{a} - \frac{1}{c}\right)$$

である．電気容量 C は $C = Q/V$ で与えられ，

$$C = \frac{2\pi\varepsilon_0(\varepsilon_1 + \varepsilon_2)}{\dfrac{1}{a} - \dfrac{1}{c}}$$

と求められる．

5.4　誘電体中の静電場のエネルギー密度

　真空中や誘電体中に電場 $\boldsymbol{E}$ を発生させるには仕事が必要になる．電場 $\boldsymbol{E}$ をつくるためになされた仕事が電場中に蓄えられ，外部に仕事をすることができるのであれば，

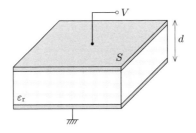

図 5.15 平行板コンデンサー

静電場 $\boldsymbol{E}$ はそれ自身がエネルギーをもつと考えることができる. 本節では, **図 5.15** に示すような平行板コンデンサーを用いて, 静電場自身がもつエネルギーについて考える.

図 5.15 の平行板コンデンサーは, 電極面積が S, 電極間隔が d で, 電極間には比誘電率 ε_r の誘電体が満たされているとする. 電気容量 C のコンデンサーに電圧 V を印加する場合, 4.3 節で述べたように, 静電エネルギー U は,

$$U = \frac{1}{2}CV^2 \tag{5.25}$$

と与えられる. いま, 平行板コンデンサー内の電場 E と電気容量 C は,

$$E = \frac{V}{d}, \quad C = \varepsilon_0\varepsilon_r\frac{S}{d} \tag{5.26}$$

であるので,

$$U = \frac{1}{2}\varepsilon_0\varepsilon_r|\boldsymbol{E}|^2 Sd \tag{5.27}$$

と書ける. これだけのエネルギーがコンデンサー内部の空間に静電場のエネルギーとして蓄えられていると考えると, 単位体積あたりの電場のエネルギー u_e は,

$$u_e = \frac{1}{2}\varepsilon_0\varepsilon_r|\boldsymbol{E}|^2 = \frac{1}{2}\boldsymbol{D}\cdot\boldsymbol{E} \tag{5.28}$$

と表される. これは, 静電場自身がもつエネルギーである. このようなエネルギーは, 電磁波が運ぶエネルギーを計算するときにも利用できる.

例題 5.10 半径 a の導体球が電荷 Q をもつとき, 電荷が球外につくる電場のエネルギーを求めよ. これが, 半径 a の導体球コンデンサーの静電エネルギーと一致することを確かめよ.

解答 半径 a の導体球の外部で電場は,

$$E(r) = \frac{Q}{4\pi\varepsilon_0 r^2}$$

と書ける．電場のもつエネルギー密度は $\varepsilon_0 E^2/2$ で与えられるので，空間に蓄えられている電場のエネルギー U は，

$$U = \int_{\text{球外}} \frac{1}{2}\varepsilon_0 E^2 \, dv = \int_a^\infty \frac{1}{2}\varepsilon_0 E^2 (4\pi r^2) \, dr = \int_a^\infty \frac{Q^2}{8\pi\varepsilon_0 r^2} \, dr = \frac{Q^2}{8\pi\varepsilon_0 a}$$

となる．

　次に，導体球をコンデンサーとみなしたときの静電エネルギー U' を求めよう．無限遠をゼロとすると，電位 ϕ は，

$$V = -\int_\infty^a E(r) dr = \frac{Q}{4\pi\varepsilon_0 a}$$

となる．電気容量 C は $C = Q/V$ で与えられるので，

$$C = 4\pi\varepsilon_0 a$$

となる．これから，静電エネルギー U' は

$$U' = \frac{1}{2}CV^2 = \frac{Q^2}{8\pi\varepsilon_0 a}$$

となって，電場のもつエネルギーと一致する．したがって，コンデンサーに電荷を蓄えるためになされた仕事は，静電場のエネルギーとして球外の空間に蓄えられていることが確認できる．

注意　この例題で得られた電場のエネルギーは，導体球の半径 a がゼロの極限で発散することを示している．このことから，大きさのない数学的な点に電荷が局在するような点電荷は存在できないことがわかる．

例題 5.11　**図 5.16** に示すように，一辺 a の長さの正方形の電極をもつ平行板コンデンサー（電極間隔 d）のある一辺に沿って，比誘電率 ε_r の誘電体板が距離 x だけ挿入されているとする．コンデンサーに電荷 Q を与えたとき，電極間にはたらく誘電体板を引き込もうとする力を求めよ．ただし，電極板の端の効果は無視できて，電場はいつでも極板に垂直であるとする．

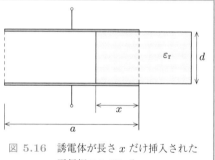

図 5.16　誘電体が長さ x だけ挿入された平行板コンデンサー

解答　電場は誘電体の境界面に平行になるので，電場の連続性から，電場の大きさ E は場所によらず一定の値をとる．コンデンサー内部の静電エネルギー U は，

$$U = \frac{1}{2}\varepsilon_0\varepsilon_\mathrm{r} E^2 axd + \frac{1}{2}\varepsilon_0 E^2 (a-x)ad$$

で与えられる．コンデンサーに真電荷 Q を与えたとき，片方の電極を含む領域に電束密度

を用いたガウスの法則を適用すると，

$$\int D\,\mathrm{d}S = Q$$

となる．左辺の積分は，

$$\int D\,\mathrm{d}S = Da^2 = \varepsilon_0\varepsilon_r axE + \varepsilon_0 a(a-x)E$$

となるので，電場 E は

$$E = \frac{Q}{\varepsilon_0\varepsilon_r ax + \varepsilon_0 a(a-x)}$$

と書ける．ここで，誘電体の境界面では電場の境界面に平行な成分が連続になることを用いた．この結果を用いると，上述の静電エネルギー U は

$$U = \frac{Q^2 d}{2a\varepsilon_0[(\varepsilon_r - 1)x + a]}$$

となる．したがって，電極板に水平方向にはたらく力 F は，

$$F = -\frac{\mathrm{d}U}{\mathrm{d}x} = \frac{Q^2(\varepsilon_r - 1)d}{2a\varepsilon_0[(\varepsilon_r - 1)x + a]^2}$$

で与えられる．$\varepsilon_r > 1$ であるから $F > 0$ となり，図では座標 x は左向きが正なので，誘電体が引き込まれていることがわかる．

注意 この問題の解に電場 $E(x)$ の結果を代入し，E で書き表すと，

$$F = \left(\frac{1}{2}\varepsilon_0\varepsilon_r E^2 - \frac{1}{2}\varepsilon_0 E^2\right)ad$$

となる．ad は，誘電体と真空の境界面の面積であるので，誘電体側からは $\varepsilon_0\varepsilon_r E^2/2$（左向き），真空側からは $-\varepsilon_0 E^2/2$（右向き）の応力（単位面積あたりの力）が電場（電気力線）に垂直方向にはたらいていると考えることもできる．その力の及ぼし合いの結果，F が決まっているのである．このような力はマックスウェル応力 (Maxwell stress) とよばれている．

演習問題

5.1 半径 a の導体球が同じ中心をもつ外径 b の誘電体球殻で覆われた球状の物体を考える．中心の導体には電荷 Q が与えられており，誘電体球殻の外側は真空であり，誘電体球殻の比誘電率は ε_r とする．球の中心からの距離を r とし，電位 ϕ を r の関数として求めよ．

5.2 x 軸方向に一様な電場 E の中に，半径 a，比誘電率 ε_r の誘電体球を置く．一様な電場に対する誘電体球の鏡像電荷が点双極子であることと，誘電体球内の電場が一様であることを仮定して，空間の静電ポテンシャルを求めよ．ただし，誘電体球の中心を原点にとることにする．

5.3 演習問題 5.2 の状況において，誘電体球内の分極 P を求めよ．

5.4　電極面積 S, 電極間隔 d の平行板コンデンサーの内部に誘電体を詰める. 比誘電率の値は電極に垂直方向に線形に変化し, 一方の電極板のところで ε_1, もう一方の電極板のところで ε_2 $(\varepsilon_2 > \varepsilon_1)$ とする. このコンデンサーの電気容量を求めよ.

5.5　内径 a, 外径 b の同心円筒形のコンデンサーを考える. 内部の電場の大きさを一定にするためには, 比誘電率の分布をどのように設定すればよいか.

5.6　電極面積 S, 電極間隔 d の平行板コンデンサーに電圧 V が印加されている. コンデンサー内部に, 電極板と同形で厚さが t $(t < d)$ の誘電体板（比誘電率 ε_r）を電極板と平行に横から距離 x だけ挿入する. x 方向の電極板の長さを l とする. 電圧一定として, 誘電体板が引き込まれる力を求めよ.

6

定常電流

　ボルタの電池の発明によって定常電流を容易に得ることが可能になり，電磁気学の研究は飛躍的に進歩した．今日でも電流を考えることは電気回路の基礎であり，産業応用の観点からも重要である．さらに，次章以降で扱う静磁場は定常電流によってつくられる．本章では，定常電流とその性質について解説する．

6.1 電流と電流密度

6.1.1 電　流

　導体の両端に電池を接続し，電圧を印加し続けると電荷は一定の平均速度で移動する．この電荷の移動を電流 (electric current) といい，電池の電圧を起電力 (electro-motive force) という．安定な定常電流を得ることは，電気回路を動作させるために重要である．ボルタによる電池の発明（1799 年頃）により，定常電流を容易に得ることが可能になり，その後の電磁気学は著しい進歩を遂げることになった．

　導線の内部を流れる電流 I は，その導体を単位時間に通過する電荷量として定義される．1 C の電荷が 1 秒間に流れるとき，電流の大きさを 1 A（アンペア）とする†．金属では，自由電荷はマイナスの電荷をもった電子であるので，起電力が印加されると，負極から電子が供給され，正極に向かって移動することになる．電磁気学では，この電子の流れに対して，正極から負極に向かって電流が流れると考えることになる．ちなみに，1 mol（6.022×10^{23} 個）の電子によって運ばれる電荷の絶対値は，9.648×10^4 C である．

例題 6.1　　ある電池の内部で化学反応が起こり，1 時間に 0.0185 mol のイオンが回路に電子を供給した．1 個のイオンからは，2 個の電子が供給されるとして，回路に流れる電流を求めよ．計算には，アボガドロ数（$N = 6.02 \times 10^{23}$）と電気素量（$e = 1.60 \times 10^{-19}$ C）を用いてよい．

　解答　1 時間に供給された電子の電荷 Q は，

---

† 2019 年に電流の定義が改定された．詳細は，p. 11 の脚注 †2 参照．

$$Q = 2 \times 0.0185 \times 6.02 \times 10^{23} \times 1.60 \times 10^{-19} = 3.56 \times 10^3 \, \text{C}$$

となる．したがって，電流 I は，

$$I = \frac{3.56 \times 10^3}{3600} = 0.989 \, \text{A}$$

となる．

注意 これが鉛蓄電池とすると，鉛の原子量は 207 なので，0.0185 mol はおよそ 4 g となる．これだけの量で，約 1 A の電流を 1 時間流すことができる．このように，電池の単位質量あたりのエネルギー蓄積量は非常に大きいことがわかる．

6.1.2 電流密度

前項で定義した電流は，導体の内部を流れるだけではなく，雷や放電のように空間を流れる場合もある．そのような場合，電流には，広い断面積で流れる太い電流や，その逆に細い電流があり，電流の大きさが場所によって違っていることもある．さらに，導線内を流れる電流であっても，導線の断面の場所に依存して流れる量が変化しているかもしれない．そのような状況を表すものが電流密度 (current density) である．

電流密度 $j \, [\text{A/m}^2]$ を，ある面に垂直方向に単位断面積あたりに流れる電流の大きさとして定義する．電流密度 j はベクトル量である．電流が流れる面積要素を $\text{d}S$，その法線ベクトルを n とすると，ある断面 S を流れる電流の大きさ I は，

$$I = \int_S j \cdot n \, \text{d}S \tag{6.1}$$

と表すことができる．

次に，電子の運動と電流密度の関係を考えよう．導体の内部に存在する伝導電子の集団は，一種の流体とみなしてよい．このような導体中の位置 r における電子流体の平均の速度を $\overline{v} \, (|\overline{v}| = \overline{v})$ とする．**図 6.1** に示すように，微小断面積 ΔS，長さ $\overline{v} \Delta t$（Δt は微小時間）の角柱を考える．ここで，平均流速 $\overline{v}$ は断面に垂直とする．いま，

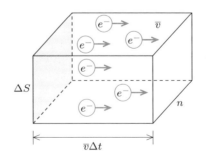

図 6.1　電荷の運動と電流密度

電子の数密度を n, 電荷を $-e$ とすると, Δt の間に微小断面積 ΔS を通過する電荷量 Q は,

$$Q = -ne\overline{v}\Delta S\Delta t \tag{6.2}$$

となる. 単位時間に単位面積を通過する電荷量が電流密度であるので, 電流密度は, 導体中の数密度 n, 電荷 $-e$, 平均速度 $\overline{\boldsymbol{v}}$ を用いて,

$$\boldsymbol{j} = -ne\overline{\boldsymbol{v}} \tag{6.3}$$

と表すことができる.

例題 6.2 断面積が $1\,\mathrm{mm}^2$ の銅線に $1\,\mathrm{A}$ の電流が流れている. 自由電子の速度の平均値 $\overline{v}$ を求めよ. ただし, 1 個の銅原子は 1 個の自由電子を放出するとする. 計算には, 銅の密度 $\rho = 8.9 \times 10^3\,\mathrm{kg/m^3}$, 銅の原子量 $M = 64$, アボガドロ数 $N = 6.0 \times 10^{23}$, 電気素量 $e = 1.6 \times 10^{-19}\,\mathrm{C}$ を用いて数値で答えよ.

解答 電流密度 j は,

$$j = 10^6\,\mathrm{A/m^2}$$

で与えられ, 自由電子の平均電子数密度は,

$$n = \frac{\rho N}{M \times 10^{-3}} = 8.4 \times 10^{28}\,\mathrm{m^{-3}}$$

となる. 式 (6.3) より, 自由電子の速度の平均値は

$$\overline{v} = \frac{j}{ne} = 7.4 \times 10^{-5}\,\mathrm{m/s}$$

となる.

注意 この答えから, 電流中の電子の平均速度は著しく遅いことがわかる. 一方, 電流が流れていないときでも自由電子は止まっているわけではなく, 運動していることが知られている. この値を見積もるには物性物理学の知識が必要になるので詳細は割愛するが, 結果だけを示すと, 室温で銅中の自由電子の速度の 2 乗平均の平方根 $v_0 (= \sqrt{\overline{v^2}})$ は, $1.6 \times 10^6\,\mathrm{m/s}$ である. ただし, このような電子の運動は, 空間のすべての方向に等しく分布しているので, その平均値はゼロとなり電流には寄与しない.

6.2 電荷保存則とキルヒホッフの第 1 法則

図 6.2 のように 1 次元的に電流が流れている場合, 図中の青色の部分の電荷の変化を考えよう. この部分に, ある瞬間に単位時間あたりに流れ込む電流と流れ出る電流の合計は $I_1 - I_2$ であり, これが単位時間あたりの電荷の変化を与える. 一方, 単位

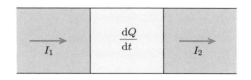

図 6.2 電荷の変化と電流

時間あたりの電荷の変化は $\mathrm{d}Q/\mathrm{d}t$ と書ける．電荷が突然現れたり消滅したりするようなことがなければ，これらは等しいはずであるので，

$$\frac{\mathrm{d}Q}{\mathrm{d}t} = I_1 - I_2 \tag{6.4}$$

と書ける．この式は，1 次元における電荷保存則 (law of conservation charge) を表している．

　一般に，電流は電荷の移動によるので，電流が存在すればその系は静的ではない．しかし，電流が時間に対して変化しないという状況は起こり得る．電流のような流れが存在して，任意の点でその流れが時間に対して変化しないとき，そのような状態を定常状態 (stationary state) とよぶ．定常状態ではもちろん，固定された点 x での電荷の変化はないので，$\mathrm{d}Q(x)/\mathrm{d}t = 0$ となる．したがって，定常電流 (stationary current) を考える場合には，

$$I_1 - I_2 = 0 \tag{6.5}$$

が成り立つ．この関係式は，流れ込む電流と流出する電流の和がゼロになるということを表している．これを一般化して，**図 6.3** に示すように，n 本の導線が交わっている点を考えて，それぞれの導線に流れている電流を I_k とすると，式 (6.5) は次のように書くことができる．

$$\sum_{k=1}^{n} I_k = 0 \tag{6.6}$$

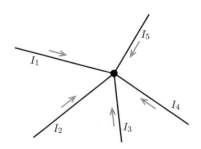

図 6.3 回路の結び目と電流

この式は，電気回路を考える場合に重要であり，キルヒホッフの第 1 法則 (Kirchhoff's first law) とよばれている[†]．ここでは，電荷保存則から，定常電流の場合には，流れ込んだ電流 I_k の総和が等しいという結果が得られた．これは，定常電流という場合に電荷保存則をもとにして成り立つ法則であり，電流の保存則が存在するわけではないことに注意しておく．

例題 6.3　**図 6.4** に示すように，4 本の導線が点 A で交わっている．電流は定常的に流れており，$I_1 = 2.5\,\mathrm{A}, I_2 = -5.2\,\mathrm{A}, I_3 = 2.7\,\mathrm{A}$ であるとき，電流 I_4 を求めよ．

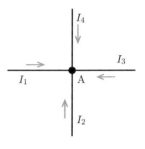

図 6.4　4 本の導線が交わる点

解答　定常電流であるので，すべての電流の和はゼロになる．

$$I_4 = -(I_1 + I_2 + I_3) = -(2.5 - 5.2 + 2.7) = 0$$

したがって，$I_4 = 0$ である．

　以上では，1 次元の電荷保存則を説明した．これを 3 次元空間の場合に拡張しよう．電流密度 $\boldsymbol{j}(\boldsymbol{r})$ と電荷密度 $\rho(\boldsymbol{r})$ の場を考える．**図 6.5** に示すように，空間内のある閉曲面の全面積を S，領域の全体積を V とする．この領域内部の全電荷の減少量は，

$$-\frac{\partial}{\partial t}\int_V \rho\,\mathrm{d}V = \int_V \left(-\frac{\partial\rho}{\partial t}\right)\mathrm{d}V \tag{6.7}$$

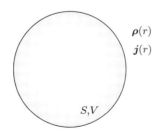

$\boldsymbol{\rho}(r)$
$\boldsymbol{j}(r)$

S,V

図 6.5　空間内の閉曲面

[†]　一定の交流電流では電流の値は振動するが，振幅や振動数は時間に依存しない．このような電流は，準定常電流 (quasi-steady current) とよばれる．振動数が著しく高くなければ，準定常電流でもキルヒホッフの第 1 法則が成り立つことが知られている．

で与えられる．一方，この閉曲面の中の微小面積要素 dS を通って閉曲面外に流れ出る電流は，dS の法線ベクトルを $\boldsymbol{n}$ とすると $\boldsymbol{j}(\boldsymbol{r}) \cdot \boldsymbol{n}\, \mathrm{d}S$ なので，閉曲面を通って外に流れ出る全電流は，これを曲面全体にわたって積分すると，

$$\int_S \boldsymbol{j}(\boldsymbol{r}) \cdot \boldsymbol{n}\, \mathrm{d}S \tag{6.8}$$

となる．もし閉曲面の内部で電荷が保存して，電荷が新たに発生したり消滅したりすることがなければ，式 (6.7) と式 (6.8) は等しいので，

$$\int_V \frac{\partial \rho}{\partial t}\, \mathrm{d}V + \int_S \boldsymbol{j}(\boldsymbol{r}) \cdot \boldsymbol{n}\, \mathrm{d}V = 0 \tag{6.9}$$

が成り立つ．

1.2 節で示したガウスの定理を用いると，以下のようにまとめることができる．

$$\int_V \left(\frac{\partial \rho}{\partial t} + \nabla \cdot \boldsymbol{j}(\boldsymbol{r}) \right) \mathrm{d}V = 0 \tag{6.10}$$

任意の閉曲面に対して式 (6.10) が成り立つためには，この被積分関数がゼロでないといけないので，最終的に，

$$\frac{\partial \rho}{\partial t} + \nabla \cdot \boldsymbol{j}(\boldsymbol{r}) = 0 \tag{6.11}$$

が成り立っていることがわかる．この式は，電荷保存則 (law of conservation of charge) を表す式であり，ベクトル解析では連続の式 (equation of continuity) とよばれている．本章では定常電流を扱っているが，その場合にはもちろん $\partial \rho / \partial t = 0$ なので，

$$\nabla \cdot \boldsymbol{j}(\boldsymbol{r}) = 0 \tag{6.12}$$

が成り立つ．

例題 6.4　式 (6.12) の定常状態における電荷保存則を積分形で書き，そこからキルヒホッフの第1法則を導け．

解答　式 (6.12) は，積分形で，

$$\int_S \boldsymbol{j}(\boldsymbol{r}) \cdot \boldsymbol{n}\, \mathrm{d}S = 0$$

となる．ここで，S は導線の交点を囲む任意の閉曲面である．いま，n 本の導線の交点を考えて，電流 $(I_1, I_2, \ldots, I_n)$ は導線内だけを流れるとすると，導線以外は $\boldsymbol{j}(\boldsymbol{r}) = 0$ となり，面積分では各導線の断面 S_k のみを考えればよいので

$$I_k = \int_{S_k} \boldsymbol{j}_k(\boldsymbol{r}) \cdot \boldsymbol{n}\, \mathrm{d}S \quad (k = 1, 2, \ldots, n)$$

と書くことができる．ここで，S_k は k 番目の導線の断面積，$\boldsymbol{j}_k$ は k 番目の導線内の電流密度である．これを用いると，

$$\int_{S_k} \boldsymbol{j}(\boldsymbol{r}) \cdot \boldsymbol{n}\, \mathrm{d}S = \sum_{k=1}^{n} I_k$$

と書けるので，

$$\sum_{k=1}^{n} I_k = 0$$

が得られる．これは，キルヒホッフの第 1 法則である．

6.3) オームの法則とジュール熱

6.3.1 オームの法則と電気抵抗

導体に起電力 V を印加すると電流 I が流れる．電流がそれほど大きくない場合には，通常，電流 I は起電力 V に比例していて，

$$V = RI \tag{6.13}$$

と書くことができる[†]．これをオームの法則 (Ohm's law) という．また，この比例定数 R を電気抵抗 (electric resistance) とよぶ．1 V の電位差で 1 A の電流が流れるとき，電気抵抗の単位を 1 Ω（オーム）と定義する．

導線の電気抵抗は導線の形状に依存する．材質が同じであれば，導線の長さ l が長いほうが抵抗は大きく，電流を流す断面積 S が大きければ抵抗は小さくなるので，

$$R = \rho \frac{l}{S} = \frac{l}{\sigma S} \tag{6.14}$$

と表すことができる．比例定数 ρ を抵抗率 (resistivity)，ρ の逆数 $\sigma = 1/\rho$ を導電率 (electroconductivity) という．ρ の単位は，式 (6.14) からわかるように，$\Omega \cdot \mathrm{m}$ である．これらの ρ または σ は導体の形にはよらず，物質の種類だけに依存する物質定数である．ただし，同じ物質でも温度などの状態により値は変わる．いくつかの物質の抵抗率の値を**表 6.1** に示す．絶縁体といわれる物質であっても，ρ の値は有限であることに注意する．また，ここには示していないが，物質の抵抗率が完全にゼロになる状態を超伝導 (superconductivity) とよぶ．

[†] 電流を運ぶ荷電粒子に力がはたらけば，ニュートン力学から荷電粒子は加速度運動することが期待される．しかし，オームの法則は荷電粒子が電場下で等速運動することを示していて一見違和感がある．一方，空気中の物体の落下運動では，終端速度に達した後，等速運動することが知られている．オームの法則で決まる電流は，荷電粒子が終端速度で等速運動することに対応しているのである．

表 6.1 物質の抵抗率

物質	抵抗率 [$\Omega \cdot$m]
銅（金属，0°C）	1.6×10^{-8}
アルミニウム（金属，0°C）	2.5×10^{-8}
銀（金属，0°C）	1.5×10^{-8}
ニクロム（金属，0°C）	1.1×10^{-6}
雲母（絶縁体，室温）	10^{13}
パイレックスガラス（絶縁体，室温）	10^{12}

例題 6.5　室温における銅の抵抗率の値は，$1.7 \times 10^{-8}\,\Omega \cdot$m である．直径 1 mm の銅線 100 m の電気抵抗を求めよ．

解答　式 (6.14) より，次のように求められる．

$$R = \rho \frac{l}{S} = 1.7 \times 10^{-8} \times \frac{100}{3.14 \times (0.5 \times 10^{-3})^2} = 2.2\,\Omega$$

注意　この例題の銅の抵抗率と表 6.1 の銅の抵抗率の値はわずかに違う．一般に，金属は温度が上昇すると電気抵抗が大きくなる．

　以上では，均一な導線に一様な電圧がかかっている場合のオームの法則を説明した．ここでは，抵抗が場所に依存するような不均一な系にも適用できるように，オームの法則の一般化を考えよう．最初に，オームの法則 (6.13) を抵抗ではなく，導電率 σ を用いて書き直す．

$$\frac{I}{S} = \sigma \frac{V}{l} \tag{6.15}$$

ここで，l と S は，それぞれ導線の長さと導線の断面積である．式 (6.15) の左辺の I/S と右辺の V/l は，それぞれ電流密度 j と電場 E であるので，$j = \sigma E$ と表現できることがわかる．もし導電率 σ が電流の方向に依存しない等方的な導体であるならば，どちらの方向に電流が流れてもこの関係式は成り立つので，ベクトルの $\boldsymbol{j}$ と $\boldsymbol{E}$ を用いて以下のように記述することができる．

$$\boldsymbol{j} = \sigma \boldsymbol{E} \tag{6.16}$$

これが局所的な関係で表されたオームの法則である．局所的に成り立つ関係式であることから，この式はもちろん不均一な系の伝導現象にも適用できる．

例題 6.6　直径 0.2 mm の銅線に 1 A の電流が流れているとき，銅線中の電場の強さはいくらか．銅線の抵抗率は，$1.7 \times 10^{-8}\,\Omega \cdot$m とする．

解答　銅線内部の電流密度 j は，

$$j = \frac{1}{3.14 \times (10^{-4})^2} = 3.18 \times 10^7 \,\text{A/m}^2$$

で与えられる．銅の導電率 σ は抵抗率 ρ の逆数なので，$\sigma = 1/\rho$ である．オームの法則 $j = \sigma E$ より，次のように求められる

$$E = \rho j = 1.7 \times 10^{-8} \times 3.18 \times 10^7 = 0.54 \,\text{V/m}$$

6.3.2 キルヒホッフの第 2 法則

電池の ＋ 極と － 極を導線につなぐと定常電流が流れる．定常電流が流れる回路を直流回路 (DC circuit) という．導線には抵抗があり，いろいろな値の抵抗をもった導線をつなぐことによって，回路の中の電位や電流を調整することができる．本項では，このような直流回路における各点の電流と電位を求める方法を考えよう．

電気回路における重要な法則は，キルヒホッフの法則 (Kirchhoff's law) として知られている．これには第 1 法則と第 2 法則があり，第 1 法則については，すでに前節で述べた．第 2 法則は起電力と電圧降下に関する法則である．

図 6.6 のような抵抗の直列回路を考えよう．キルヒホッフの第 1 法則から，この回路を流れる電流は，どこでも同じ大きさ I である．抵抗 R_1 と R_2 の両端では電圧降下 V_1 と V_2 が発生し，それらは，オームの法則によって，

$$\begin{aligned} V_1 &= R_1 I \\ V_2 &= R_2 I \end{aligned} \tag{6.17}$$

と書ける．図のように，点 A の電位が電池の起電力によって点 B で V だけ増加し，抵抗 R_1 と R_2 によって，それぞれ，V_1 と V_2 ずつ低下（電圧降下）して，点 A の電位に戻っている．このような場合，

$$V = V_1 + V_2 \tag{6.18}$$

が成り立つ．

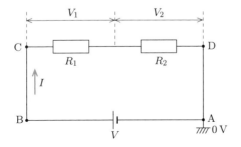

図 6.6 抵抗の直列回路

これを一般化すると，**回路内のある経路を一周してもとの点に戻るとき，電池の起電力の総和は，各抵抗で起こる電圧降下の総和に等しい**となる．つまり，ある閉じた経路に沿った方向の電池の起電力を V_i，各抵抗 R_j を流れる電流を I_j とすると，

$$\sum_{i=1} V_i = \sum_{j=1} R_j I_j \tag{6.19}$$

と表現することができるのである．これを<u>キルヒホッフの第 2 法則</u> (Kirchhoff's second law) という．

第 1 法則と第 2 法則からつくることができる方程式を未知数の数だけ用意して連立方程式を解くと，どのような複雑な回路についても任意の点の電流と電位を決定することができる．

例題 6.7　　抵抗 R の導線を 12 本使って，**図 6.7** に示すような立方体形回路をつくり，点 A と点 B の間に電圧を加えた．点 AB 間の電気抵抗を求めよ．

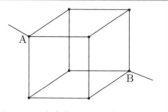

図 6.7　立方体形回路（1 つの辺の抵抗は R である）

解答　点 A から流れ込む電流を I とすると，回路の対称性とキルヒホッフの第 1 法則から，各辺の電流は，**図 6.8** のように与えられる．キルヒホッフの第 2 法則から，経路 ACDB での電圧降下の和が 2 点 AB 間の電圧に等しいとおくと，

$$V = \frac{IR}{3} + \frac{IR}{6} + \frac{IR}{3} = \frac{5IR}{6}$$

と与えられる．この間の合成抵抗 R_{AB} は V/I なので，

$$R_{AB} = \frac{5}{6} R$$

であることがわかる．

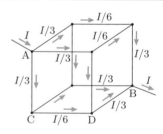

図 6.8　立方体形回路を流れる電流

6.3.3　ジュールの法則

電流は電位の高いところから低いところに流れる．すなわち，定常電流 I が流れている抵抗 R の導線の両端には電位差（電圧降下）が存在する．**図 6.9** に示すように導線の点 A と点 B の電位差を V，ある時間 Δt に移動した電荷量を Δq とすると，Δt の間の電気的エネルギーの消費 ΔU は，$\Delta U = \Delta q V$ と書ける．電流 I を用いると

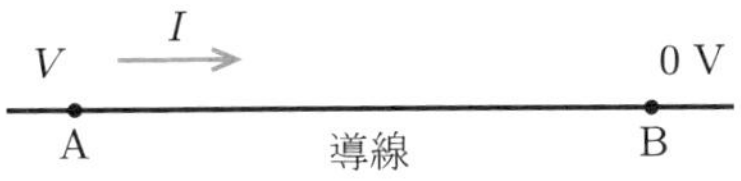

$$V \quad \xrightarrow{\quad I \quad} \qquad\qquad 0\,\mathrm{V}$$

A 導線 B

図 6.9 導線を流れる電流

$\Delta U = IV\Delta t$ となるので, 単位時間あたりのエネルギーの消費量, すなわち電力 P は,

$$P = \frac{\Delta U}{\Delta t} = IV = RI^2 = \frac{V^2}{R} \tag{6.20}$$

で与えられる. このように電流によりエネルギーが消費されて発生する熱をジュール熱 (Joule heat) という. 電力の単位には, ワット [W] (= [J/s]) が使われる. したがって, 電力により得られるエネルギー U は,

$$U = \int I(t)V(t)\,\mathrm{d}t \tag{6.21}$$

となる†.

式 (6.20) を一般化して, 電場 $\boldsymbol{E}$ と電流密度 $\boldsymbol{j}$ を用いて表してみよう. 微小領域の断面積を ΔS, 長さを Δl とすると, 単位体積あたりの電力 $p = IV/\Delta l\Delta S$ は, $I = j\Delta S$, $V = E\Delta l$ から,

$$p = \boldsymbol{j} \cdot \boldsymbol{E} \tag{6.22}$$

と書ける. または, オームの法則の式 (6.16) を用いて,

$$p = \sigma|\boldsymbol{E}|^2 \tag{6.23}$$

と書ける.

例題 6.8　$R = 20\,\Omega$ のヒーター用ニクロム線がある. これに電流を流して, 100 W の電力を消費し, 熱に変えたい. 何 V の電圧を加えればよいか. また, そのときの電流を求めよ.

解答　このヒーターに電圧 V を印加すると流れる電流 I は $I = V/R$ となる. 消費電力は $IV = V^2/R$ で与えられ, これが 100 W であるので,

$$W = \frac{V^2}{R}$$

と書ける. これより, 電圧は,

$$V = \sqrt{RW} = \sqrt{20 \times 100} \approx 45\,\mathrm{V}$$

---

† 家庭用の電気料金の明細書に, 電気の使用量の単位としてワット時 [Wh] が用いられるが, これもエネルギーを表す単位である.

電流は,

$$I = \frac{V}{R} \approx 2.2\,\mathrm{A}$$

となる.

例題 6.9　　内部抵抗 $r\,[\Omega]$ の乾電池（起電力 1.5 V）がある．この電池に抵抗 R をつないで電力を取り出して熱に変えたい．出力を最大にするような R を求めよ．

解答　**図 6.10** のように，起電力を V とすると，回路に流れる電流は，$I = V/(R+r)$ となる．抵抗 R での電圧降下は，$RI = RV/(R+r)$ である．したがって，消費電力は，$W = RV^2/(R+r)^2$ と書ける．W を最大にする条件は $\mathrm{d}W/\mathrm{d}R = 0$ となる．

$$\frac{\mathrm{d}W}{\mathrm{d}R} = \frac{(r-R)V^2}{(R+r)^3}$$

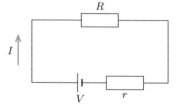

図 6.10　内部抵抗のある電池の回路

これより，$R = r$ のとき，消費電力は最大になる.

注意　電池のエネルギーを最大限に消費するには，負荷抵抗を内部抵抗に一致させればよいことがわかる．このような状態にすることを，インピーダンスマッチングという．

⑥.④ 導体中の電流の分布

第3章で，静電場 $\boldsymbol{E}$ は保存力場であることを説明した．このことは，電場 $\boldsymbol{E}$ のする仕事が経路によらないことを意味するので，

$$\oint \boldsymbol{E} \cdot \mathrm{d}\boldsymbol{r} = 0 \tag{6.24}$$

が成り立つはずである．本章で扱っている定常電流の場合，電荷の移動はあるものの電場 $\boldsymbol{E}$ は時間的に変動しないので，静的な場合と同様に式 (6.24) が成り立つ．導体中の定常電流の分布 $\boldsymbol{j}(\boldsymbol{r})$ を決める基本法則をまとめて書くと，

$$\oint \boldsymbol{E} \cdot \mathrm{d}\boldsymbol{r} = 0 \quad (\nabla \times \boldsymbol{E} = 0) \tag{6.25}$$

$$\int_S \boldsymbol{j} \cdot \boldsymbol{n}\,\mathrm{d}S = 0 \quad (\nabla \cdot \boldsymbol{j} = 0) \tag{6.26}$$

$$\boldsymbol{j} = \sigma \boldsymbol{E} \tag{6.27}$$

となる．ある境界条件のもとで，この式を連立させて解けば，空間的に一様でないような場合の電場 $\boldsymbol{E}(\boldsymbol{r})$ と電流密度 $\boldsymbol{j}(\boldsymbol{r})$ の空間分布を求めることができる．

例題 6.10	**図 6.11** のように，内径と外径がそれぞれ a_1 と a_2，高さが h である筒状の金属電極間に，電解質溶液を満たす．金属容器の導電率 σ_m は電解質溶液の導電率 σ よりも十分大きい（$\sigma_\mathrm{m} \gg \sigma$）として，この電極間の電気抵抗を求めよ．

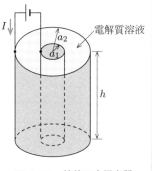

図 6.11　筒状の金属容器

解答　系の対称性から，電流密度 $\boldsymbol{j}$ は半径 r の関数として放射状に流れると考えられるので，$|\boldsymbol{j}(\boldsymbol{r})| = j(r)$ とする．$a_1 \leq r \leq a_2$ の領域で，全電流 I は半径 r の円筒状の表面に垂直な電流の総和に等しいので，

$$I = \int j \, \mathrm{d}S = 2\pi r h j(r) \ (= 一定)$$

と書ける．したがって，

$$j(r) = \frac{I}{2\pi h r}$$

が得られる．オームの法則 $j = \sigma E(r)$ より，電場 E は，

$$E(r) = \frac{I}{2\pi h \sigma r}$$

となる．これを積分して，電極間の電圧 V を求めることができる．

$$V = \int_{a_1}^{a_2} E(r) \, \mathrm{d}r = \int_{a_1}^{a_2} \frac{I}{2\pi h \sigma r} \, \mathrm{d}r = \frac{I}{2\pi h \sigma} \log_\mathrm{e} \left(\frac{a_2}{a_1} \right)$$

以上より，電極間の抵抗 R は，次のように求められる．

$$R = \frac{V}{I} = \frac{1}{2\pi h \sigma} \log_\mathrm{e} \left(\frac{a_2}{a_1} \right)$$

演習問題

6.1　**図 6.12** のような回路をホイートストンブリッジとよぶ．検流計 G の抵抗を R_5 とするとき，検流計を流れる電流 I_5 を，R_1, R_2, R_3, R_4, R_5 および電池の起電力 V を用いて表せ．

6.2　起電力 V_0 の電池の内部抵抗が r のとき，負荷抵抗 R の両端にかかる電圧 V_R を求めよ．起電力 $3\,\mathrm{V}$，内部抵抗 $1\,\Omega$ のとき，負荷抵抗を $10\,\Omega$ とすると，V_R は何 V になるか．

6.3　$100\,\mathrm{W}$ の白熱電球の抵抗を室温で測ったところ，$12\,\Omega$ 程度であった．$100\,\mathrm{W}$ の白熱電球とは，$100\,\mathrm{V}$ の電圧で $1\,\mathrm{A}$ の電流が流れる電球なので，抵抗は $100\,\Omega$ のはずであり矛盾す

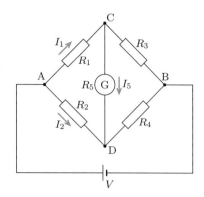

図 **6.12** ホイートストンブリッジ

る．このことを定性的に説明せよ．

6.4 誘電率 $\varepsilon_0\varepsilon_r$，抵抗率 ρ の誘電体を詰めた容量 C の平行板コンデンサーの電極間に電流が流れるときの直流抵抗 R を $\varepsilon_0\varepsilon_r$，$\rho$，$C$ を用いて表せ．

6.5 **図6.13** のような回路の過渡現象を考える．最初スイッチが接点 A につながっているとする．時刻 $t = 0$ で，スイッチの接点を B に接続した．コンデンサーに蓄えられている電荷 Q の時間変化（過渡現象）を C，R，V，t を用いて表せ．

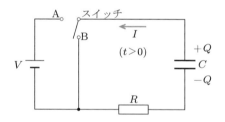

図 **6.13** コンデンサーと抵抗の回路

7

定常電流と静磁場

　本章では，まず最初に磁気的な場を与える磁束密度を定義し，ビオ – サバールの法則を解説する．次に，磁気的な場の基本法則であるガウスの法則とアンペールの法則を解説する．最後に，磁気的なポテンシャルであるベクトルポテンシャルについて述べる．

7.1　定常電流にはたらく力

7.1.1　アンペール力

　1820 年デンマークのエルステッド (H. C. Oersted) は，定常電流 I が流れると，その周りに磁気的な場が生じることを発見した．一方，アンペール (A. -M. Ampère) は，磁気的な場から電流が力を受けることを発見した．この力は，アンペール力 (Ampère force) とよばれている．本書では，この磁気的な場を，磁束密度 (magnetic flux density) とよぶことにする[†]．以上のことは，**電流は周りの空間に磁束密度の場をつくり，その磁束密度はほかの電流に力を及ぼす**ことを意味しており，電荷は周りの空間に電場をつくり，その電場は別の電荷に力を及ぼすことに類似している．このことから，電場の定義がそうであったように，磁束密度は，電流にはたらく力として定義するのが妥当であることがわかる．

　図 7.1 のように，電磁石の N 極と S 極を向かい合わせて平行に置くと，その間の空

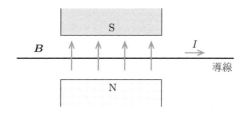

図 **7.1**　磁場中の電流には，力がはたらく

[†] 磁気的な場として，本書で磁束密度を使うことについては，8.1 節で改めて説明する．本書も含めて，多くの教科書では，磁束密度を磁気的な場という意味で磁場とよぶことがあるが，電磁気学には「磁場」という別の物理量があるので注意が必要である（8.2 節参照）．

間の中心付近には，一様な磁束密度 $\boldsymbol{B}$ の場ができる．この磁束密度の場の中に，細い
導線を張って定常電流 I を流す．この導線に沿った電流 I のある微小な長さ Δl の部
分には，磁束密度による力 ΔF がはたらくことになる．実験によると，この力は電流
の大きさ I，磁束密度 $\boldsymbol{B}$，微小な部分の長さ Δl に比例しており，**図 7.2** に示すよう
に，力 ΔF の方向は，電流 I と磁束密度 B の方向にいつでも垂直である．さらに，こ
の力は電流と磁束密度のなす角 θ の $\sin\theta$ に比例することも知られている．したがっ
て，力 ΔF は，

$$\Delta F = IB\sin\theta\,\Delta l \tag{7.1}$$

と書くことができる．これがアンペール力である．この定常電流 I と力 ΔF の関係式
から磁束密度 $\boldsymbol{B}$ が定義できる．

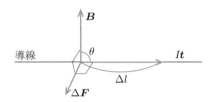

図 **7.2**　磁場中の電流にはたらく力の方向

　この式 (7.1) をベクトル形式で書き換えよう．単位長さあたりの力 ΔF と磁束密度 B
はそれぞれ場所 $\boldsymbol{r}$ の関数であり，同時にベクトルであるので，ベクトル場 $\Delta\boldsymbol{F}(\boldsymbol{r})$, $\boldsymbol{B}(\boldsymbol{r})$
と書くことができる．ある場所の電流の方向の単位ベクトルを $\boldsymbol{t}(\boldsymbol{r})$ と表すと，電流も
ベクトルで $I(\boldsymbol{r})\boldsymbol{t}(\boldsymbol{r})$ と書ける．図から，力の方向は，$\boldsymbol{t}(\boldsymbol{r})$ と $\boldsymbol{B}(\boldsymbol{r})$ の外積で表すこと
ができるので，式 (7.1) は，ベクトル形式で

$$\Delta\boldsymbol{F} = I(\boldsymbol{r})(\boldsymbol{t}(\boldsymbol{r}) \times \boldsymbol{B}(\boldsymbol{r}))\Delta l \tag{7.2}$$

と書ける．このベクトル関係式は，フレミングの左手の法則を含んでいることもわかる．
　磁束密度 B の単位は，磁束密度に垂直方向の 1 A の定常電流 1 m あたりに 1 N の
力がはたらくとき，1 T（テスラ）と約束する．式 (7.1) から，磁束密度の単位 [T] は，
[N/(m·A)] となる．
　アンペール力をもとに磁束密度 B を定義したが，実用的には磁束密度に面積 S を
掛けた磁束 (magnetic flux) $\Phi(=BS)$ という量もよく扱われる．磁束の単位を [Wb]
（ウェーバ）とすると，[Wb] = [N · m/A] となる．ウェーバを用いると，磁束密度の
単位を [Wb/m²] と書くこともできる[†]．磁束密度の大きさの目安として，地磁気によ

[†]　磁束密度 1 Wb/m² は，CGS 電磁単位系の 10^4 Gauss に等しい．

る地球の磁束密度は，日本付近で $30 \sim 40\,\mu\mathrm{T}$ 程度である．ふつうの実験室で実現できる磁束密度は超伝導磁石を使ってもせいぜい $10\,\mathrm{T}$ 程度，定常的な磁場で人間がつくれる磁束密度の最大値はおよそ $45\,\mathrm{T}$ である．

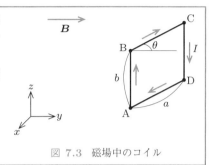

例題 7.1 図 **7.3** に示すように，2 辺 $a, b\,(a > b)$ の長方形の 1 重のコイルを磁束密度 B の一様な磁場中に置く．コイルの短いほうの辺 b を磁場と垂直に，長いほうの辺 a を磁場と角度 θ にして固定した．コイルに電流 I を流すとき，磁場によりコイルに作用する偶力のモーメントを求めよ．

図 **7.3** 磁場中のコイル

解答 長方形のコイルが図 7.3 のような配置にあるとき，辺 BC に作用する力は，磁場と辺 BC に垂直な方向（z 軸方向）で，大きさ F' は，

$$F' = IBa\sin\theta$$

である．この力は，辺 DA にはたらく力と反対向きで同一直線上に作用するので打ち消し合って，偶力を生じない．

図 **7.4** のように，辺 AB と辺 CD に作用する力は，磁束密度 $\boldsymbol{B}$ とそれぞれの辺に垂直な方向で，大きさ F は，

$$F = IBb$$

である．図 7.4 のように，この力を辺 BC に平行方向と

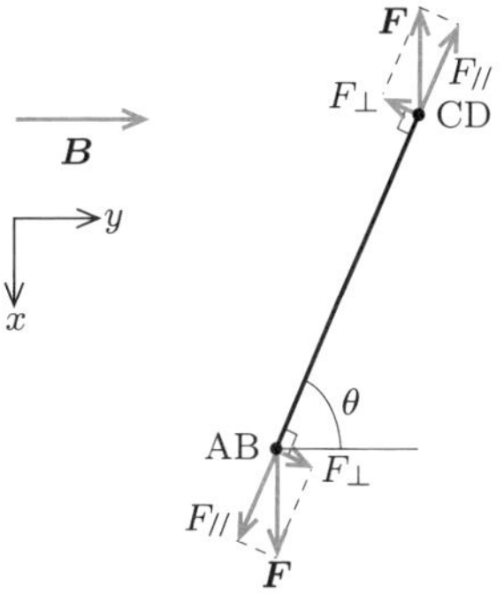

図 **7.4** 辺 AB と辺 CD にはたらく力

垂直方向に分けると，平行な成分はたがいに打ち消し合い，垂直な成分 $F_\perp$ は偶力となる．モーメント M は，次式のように求められる．

$$M = F_\perp a = IBab\cos\theta$$

7.1.2 ローレンツ力

本項では，速度 $\boldsymbol{v}$ で運動する 1 個の荷電粒子にはたらく磁気的な力を導こう．もし導線の断面内で電流 $I(\boldsymbol{r})$ が一様ならば，電流密度 $\boldsymbol{j}$ は，$\boldsymbol{j} = I(\boldsymbol{r})\boldsymbol{t}(\boldsymbol{r})/S$ と書ける．ここで，S は導線の断面積である．導線の微小長さを Δl とすると，$S\Delta l$ が体積を与えるので，単位体積あたり電流にはたらく力 $\boldsymbol{f}$ は，$\Delta\boldsymbol{F}/S\Delta l$ となる．これらを式 (7.2) に代入すると，

$$\boldsymbol{f} = \boldsymbol{j} \times \boldsymbol{B} \tag{7.3}$$

が得られる.

6.1節で述べたように,金属中を流れる電流密度 $\boldsymbol{j}$ は,荷電粒子の数密度を n,電荷を q,速度の平均を $\overline{\boldsymbol{v}}$ として,$\boldsymbol{j} = nq\overline{\boldsymbol{v}}$ と表すことができる.これを用いると,

$$\boldsymbol{f} = nq\overline{\boldsymbol{v}} \times \boldsymbol{B} \tag{7.4}$$

となる.この式は,数密度 n,平均速度 $\overline{\boldsymbol{v}}$ の粒子の集団にはたらく力を与える.これより,集団を構成する1個の荷電粒子には,$q\boldsymbol{v} \times \boldsymbol{B}$ の力がはたらくことになる(1個の粒子の速度は $\overline{\boldsymbol{v}}$ ではなく $\boldsymbol{v}$ であることに注意).1個の荷電粒子にはたらく力を改めて $\boldsymbol{F}$ とすると,

$$\boldsymbol{F} = q\boldsymbol{v} \times \boldsymbol{B} \tag{7.5}$$

となる.この力をローレンツ力 (Lorentz force) という.前項で求めたアンペール力は,電流を担っている1つひとつの自由電子にローレンツ力が作用した結果と考えることもできる.

磁気的な場だけでなく,同時に電場が存在するような場合の一般式として,運動する荷電粒子にはたらく力は,

$$\boldsymbol{F} = q\boldsymbol{E} + q\boldsymbol{v} \times \boldsymbol{B} \tag{7.6}$$

で与えられる.この式で力 $q\boldsymbol{E}$ を与える $\boldsymbol{E}$ が電場の定義であることは,第2章で述べた.このような意味から,荷電粒子にはたらく力が $q\boldsymbol{v} \times \boldsymbol{B}$ で与えられるような磁気的な場 $\boldsymbol{B}$ が磁束密度の定義と考えることもできるであろう.

例題 7.2 磁束密度 $\boldsymbol{B}$ の一様な磁場の中で,磁束密度に垂直方向に初速度 v で荷電粒子(電荷 q,質量 m)が等速円運動を始めた.このような運動をサイクロトロン運動 (cyclotron motion) という.この粒子の運動の角振動数 ω と回転半径 R を求めよ.

解答 図 **7.5** に示すように,ローレンツ力は荷電粒子の速度に垂直にはたらくので,等速円運動が生じる.円運動の半径を R とすると,

$$\frac{mv^2}{R} = qvB$$

となるので,$R = mv/qB$ となる.円運動の角振動数 ω は,

$$\omega = \frac{v}{R} = \frac{qB}{m}$$

で与えられる.

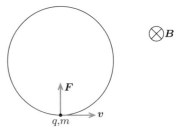

図 7.5 一様磁場中の荷電粒子の運動

注意 本例題で求めた角振動数をサイクロトロン角振動数 (cyclotron angular frequency) という.このサイクロトロン運動は,大きくは宇宙空間を飛び交う宇宙線の運動から,電磁波の発信,IC の内部まで非常に広いスケールでいろいろな物理現象と関係している.

例題 7.3 図 **7.6** のように,自由電子密度 n の金属に,電流密度 j を流しながら,電流に垂直に磁束密度 B の磁場を印加する.このとき,電流と磁場に垂直な方向に電場 E が発生する.電場 E の大きさを求めよ.

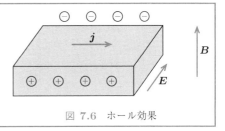

図 **7.6** ホール効果

解答 電流には,電流密度 j に垂直に単位体積あたり jB のローレンツ力がはたらく.このローレンツ力によって移動した電荷が電場 E をつくると,単位体積あたり neE の力が電流に垂直方向にはたらく.電場の力とローレンツ力は逆向きにはたらくので,これらの力が釣り合ったとき,すなわち,

$$jB = neE$$

のときに電流は定常状態になる.これより,電流と磁場に垂直な方向の電場の大きさは,

$$E = \frac{jB}{ne}$$

で与えられる.

注意 このような現象をホール効果 (Hall effect) という.

7.2 定常電流のつくる磁場

本節では,電流がつくる磁気的な場について考えよう.ここでも,磁気的な場に磁束密度 B を使う(8.1 節参照).

7.2.1 エルステッドの実験

前節で述べたように,電流がその周囲に磁場をつくることはエルステッドによって発見された.図 **7.7** に示すように,2 本の平行な導線に定常電流を流し,この導線間にはたらく力を彼は調べたのである.その結果彼は,2 本の電流の向きが平行なら引力が,反平行なら斥力がはたらき,その力の大きさは 2 本の電流の大きさの積に比例し,距離に反比例することを見出したのである.

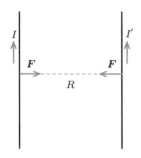

図 **7.7**　エルステッドの実験

例題 7.4　　無限に長い直線電流 I のつくる磁束密度の大きさ B は，電流からの距離を r
として，

$$B(r) = \frac{\mu_0 I}{2\pi r}$$

で与えられることが知られている．この式を使って，エルステッドの実験を説明せよ．

解答　エルステッドの実験は，図 7.7 に示すように，平行な電流間にはたらく力に関する
ものである．距離 r だけ離れた 2 本の導線に流れる電流を I, I' とする．電流 I が I' の場
所につくる磁束密度は，

$$B = \frac{\mu_0 I}{2\pi r}$$

と与えられるので，電流 I' にはたらく単位長さあたりの力 F は，

$$F = I'B = \frac{\mu_0 I I'}{2\pi r}$$

と書ける．この式は，2 本の電流が平行なら引力が，反平行なら斥力がはたらき，その力の
大きさは 2 本の電流の大きさの積に比例し，距離に反比例することを示しているので，エ
ルステッドの実験が説明できる．

注意　問題で与えられた直線電流のつくる磁場の式は，次項以降で扱うビオ‐サバールの法則やア
ンペールの法則から求めることができる．

7.2.2　ビオ‐サバールの法則

エルステッドによって発見された電流の磁気作用は，ビオ (J. Biot) とサバール (F.
Savart) によってさらに詳しく調べられた．その結果は，次のようなものである．**図
7.8** に示すような電流 I があるとき，位置 $\boldsymbol{r}'$ に存在する電流素片 $I\boldsymbol{t}(\boldsymbol{r}')\Delta l$ が点 P $(\boldsymbol{r})$
につくる磁束密度 $\Delta\boldsymbol{B}$ は，

$$\Delta\boldsymbol{B} = \frac{\mu_0}{4\pi} \cdot \frac{I\boldsymbol{t}(\boldsymbol{r}') \times (\boldsymbol{r} - \boldsymbol{r}')}{|\boldsymbol{r} - \boldsymbol{r}'|^3}\Delta l \tag{7.7}$$

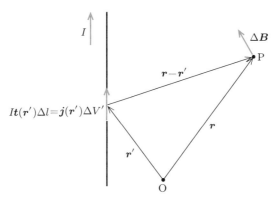

図 7.8 ビオ–サバールの法則

で与えられる. ここで, $t(r')$ は電流に沿った方向の単位ベクトル, Δl は電流の場所
の微小長さである. μ_0 は真空の透磁率とよばれる量で, SI 単位系では, $\mu_0 = 1.2566$
$\times 10^{-6}(\approx 4\pi \times 10^{-7})\,\mathrm{N/A^2}$ となる†. r' の位置での電流密度 $j(r')$ を導入すると, 体
積要素 $\Delta V'$ を用いて, $It(r')\Delta l = j(r')\Delta V'$ と書けるので, 磁束密度 ΔB は,

$$\Delta B = \frac{\mu_0}{4\pi} \cdot \frac{j(r') \times (r - r')}{|r - r'|^3} \Delta V' \tag{7.8}$$

となる. 式 (7.8) から, B の方向は電流密度 $j(r')$ と $r - r'$ の外積で決まることがわ
かる. これをビオ–サバールの法則 (Biot-Savart law) という. これは, 実験事実か
ら得られた法則である. 電場 E を与えるクーロンの法則に比べて, この法則は一見複
雑に見えるが, 分子分母を $|r - r'|$ で割って, 分子の $r - r'$ を単位ベクトルで表せば,
分母は $4\pi|r - r'|^2$ となり, その本質は, クーロンの法則と同様に単純な逆 2 乗の法
則であることもわかる.

さらに, 電流全体がつくる磁束密度 B を求めるために, 式 (7.8) を電流密度が存在
する場所 r' の体積要素 $\mathrm{d}V'$ で積分して,

$$B(r) = \frac{\mu_0}{4\pi} \int \frac{j(r') \times (r - r')}{|r - r'|^3} \,\mathrm{d}V' \tag{7.9}$$

と表すこともできる.

このビオ–サバールの法則から, **図 7.9** のように, 直線電流の周りには同心円を描
くように磁場ができること, およびその向きは右ネジの進む方向であることがわかる.

---

† 2019 年に施行された新しい SI 単位では, 真空の透磁率 μ_0 は定義値 $(4\pi \times 10^{-7}\,\mathrm{N/A^2})$ ではなく, 測
  定値が用いられることになった (p. 11 の脚注も参照).

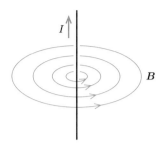

図 **7.9** 直線電流の周りの磁場

例題 7.5 　**図 7.10** に示すように，z 軸上の線分 AB を
流れる電流 I が，一般の点 P (x, y, z) につくる磁束密
度 $\boldsymbol{B}(x, y, z)$ を，ビオ‐サバールの法則を用いて求め
よ．ただし，点 A と点 B の座標を，それぞれ $(0, 0, z_A)$
と $(0, 0, z_B)$ とし，点 P は z 軸上にはないとする．

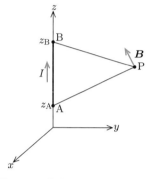

図 **7.10** 　線分 AB を流れる電流が
つくる磁場

解答 　線分 AB 上の点の線素ベクトルを $\mathrm{d}z'(\mathrm{d}\boldsymbol{r}' = (0, 0, \mathrm{d}z'))$ とすると，微小電流要素
は $I\mathrm{d}\boldsymbol{r}'$ となる．$\boldsymbol{r} - \boldsymbol{r}'$ は $(x, y, z - z')$ である．この微小電流要素が $\boldsymbol{r} = (x, y, z)$ につ
くる磁場 $\mathrm{d}\boldsymbol{B}$ は，ビオ‐サバールの法則により，

$$\mathrm{d}\boldsymbol{B} = \frac{\mu_0 I \mathrm{d}z'}{4\pi|\boldsymbol{r} - \boldsymbol{r}'|^3}(-y, x, 0)$$

である．電流の存在する場所は $\boldsymbol{r}' = (0, 0, z')$ 　$(z_A \leq z' \leq z_B)$ であるので，磁束密度
$\boldsymbol{B}(\boldsymbol{r})$ は，

$$\boldsymbol{B}(\boldsymbol{r}) = \frac{\mu_0 I}{4\pi}(-y, x, 0)\int_{z_A}^{z_B} \frac{\mathrm{d}z'}{[x^2 + y^2 + (z - z')^2]^{3/2}}$$

で与えられる．いま，**図 7.11** のように θ を z 軸と $\boldsymbol{r} - \boldsymbol{r}'$ のなす角

$$z - z' = \rho\cot\theta, \quad \rho = \sqrt{x^2 + y^2}$$

とおけば，$\mathrm{d}z' = \rho\sin^{-2}\theta\,\mathrm{d}\theta$ に注意して，積分は，

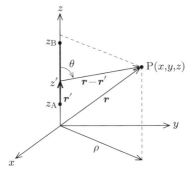

図 7.11

$$\int_{z_\mathrm{A}}^{z_\mathrm{B}} \frac{dz'}{[x^2 + y^2 + (z - z')^2]^{3/2}} = \int_{z_\mathrm{A}}^{z_\mathrm{B}} \frac{dz'}{[\rho^2 + (z - z')^2]^{3/2}} = \frac{1}{\rho^2} \int_{\theta_\mathrm{A}}^{\theta_\mathrm{B}} \sin\theta \, d\theta$$

$$= \frac{1}{\rho^2}(\cos\theta_\mathrm{A} - \cos\theta_\mathrm{B})$$

となる.

$$\cos\theta_\mathrm{A} = \frac{z - z_\mathrm{A}}{\sqrt{x^2 + y^2 + (z - z_\mathrm{A})^2}}, \quad \cos\theta_\mathrm{B} = \frac{z - z_\mathrm{B}}{\sqrt{x^2 + y^2 + (z - z_\mathrm{B})^2}}$$

を用いると,以下のように書くことができる.

$$\boldsymbol{B}(\boldsymbol{r}) = \frac{\mu_0 I}{4\pi(x^2 + y^2)}\left[\frac{z - z_\mathrm{A}}{\sqrt{x^2 + y^2 + (z - z_\mathrm{A})^2}} - \frac{z - z_\mathrm{B}}{\sqrt{x^2 + y^2 + (z - z_\mathrm{B})^2}}\right](-y, x, 0)$$

7.3 磁場に関する基本法則

電磁気学の基本法則はマックスウェル方程式である(第10章参照).そのなかで,磁場に関する基本法則は,(磁場に関する)ガウスの法則とアンペールの法則となる.本節ではこれらについて解説する.

7.3.1 磁場に関するガウスの法則

電流が存在すると,その周りには磁束密度 $\boldsymbol{B}$ の場が生じる.前節では,電流によって生じる磁束密度はビオ–サバールの法則によって求められることを解説した.その式は,$\boldsymbol{r}'$ の位置に流れている電流が,空間を越えて位置 $\boldsymbol{r}$ に直接磁束密度をつくるという形式になっている.これは位置 $\boldsymbol{r}'$ の電荷によって生じる電場が,クーロンの法則によって求められることに対応している.静電場の場合には,2.3節で近接作用の立

場から電場の性質を考察し，ガウスの法則が成り立っていることを明らかにした．

本項では，磁束密度の場についてガウスの法則を考える．電場に関するガウスの法則の導出では，電気力線の考え方を用いた．磁場の場合にも磁力線が存在し，磁石の周りに砂鉄をまくと可視化できることはよく知られている．この磁束密度の場も，ガウスの法則に従う．ただし，磁場の場合には，電荷と違って単独で取り出すことができる単磁極 (monopole) は存在しない．これは，磁束密度 $\boldsymbol{B}$ の閉曲面での表面積分がゼロになることを意味する．これらをまとめると，

$$\int_S \boldsymbol{B}(\boldsymbol{r}) \cdot \boldsymbol{n}(\boldsymbol{r}) \, \mathrm{d}S = 0 \tag{7.10}$$

と書くことができる．この磁束密度についての式は，電磁気学の基本法則の 1 つであり，磁場に関するガウスの法則とよばれる．一方，静電場に関するもう 1 つの基本法則である渦なしの条件はどうであろうか．これに関しては，電場と磁場では大きな違いがある．これについては次項で述べる．

例題 7.6　磁場に関するガウスの法則の積分形から，微分形を導け．

解答　磁場に関するガウスの法則は，

$$\int_S \boldsymbol{B}(\boldsymbol{r}) \cdot \boldsymbol{n}(\boldsymbol{r}) \, \mathrm{d}S = 0$$

で与えられる．ベクトル解析のガウスの定理により，

$$\int_S \boldsymbol{B}(\boldsymbol{r}) \cdot \boldsymbol{n}(\boldsymbol{r}) \, \mathrm{d}S = \int_V \nabla \cdot \boldsymbol{B}(\boldsymbol{r}) \, \mathrm{d}V$$

と書き換えられるので，

$$\int_V \nabla \cdot \boldsymbol{B}(\boldsymbol{r}) \, \mathrm{d}V = 0$$

となる．いま，任意の領域でこの式が成り立つためには，被積分関数が常にゼロであることが必要なので，

$$\nabla \cdot \boldsymbol{B}(\boldsymbol{r}) = 0$$

が導かれる．

7.3.2　アンペールの法則

アンペールによる詳しい実験により，電流 I とその周りにできる磁束密度 $\boldsymbol{B}$ の間には，

$$\oint_C \boldsymbol{B} \cdot \mathrm{d}\boldsymbol{r} = \mu_0 I \tag{7.11}$$

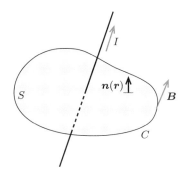

図 7.12 アンペールの法則

という関係があることがわかった．**図 7.12** に示すように，この式 (7.11) は磁束密度
$\boldsymbol{B}$ を任意の閉曲線 C に沿って周回積分すると，その値はその閉曲線を貫く電流に μ_0
を掛けたものに等しいことを意味する．ここで，この電流 I は電流密度 $\boldsymbol{j}$ を用いて，

$$I = \int_S \boldsymbol{j} \cdot \boldsymbol{n} \, \mathrm{d}S \tag{7.12}$$

と書けるので，式 (7.11) は，

$$\oint_C \boldsymbol{B} \cdot \mathrm{d}\boldsymbol{r} = \mu_0 \int_S \boldsymbol{j} \cdot \boldsymbol{n} \, \mathrm{d}S \tag{7.13}$$

となる．これをアンペールの法則 (Ampère's rule) という．このアンペールの法則は実
験事実から見出された法則で，静的な磁場を表すもっとも基本的な法則の 1 つである．
　一方，このアンペールの法則は，磁場については渦なしの条件が成り立たない
($\oint \boldsymbol{B} \cdot \mathrm{d}\boldsymbol{r} \neq 0$) ことを示している．このことから，静電ポテンシャルに対応するよう
な磁気的なスカラーポテンシャルは定義できないことがわかる．磁気的性質を表すポ
テンシャルには，次節で述べるベクトルポテンシャルとよばれる概念が必要になる．

例題 7.7 アンペールの法則の積分形から微分形を導け．

解答 アンペールの法則の積分形は，

$$\oint \boldsymbol{B} \cdot \mathrm{d}\boldsymbol{r} = \mu_0 \int_S \boldsymbol{j} \cdot \boldsymbol{n} \, \mathrm{d}S$$

である．ベクトル解析におけるストークスの定理

$$\oint \boldsymbol{B} \cdot \mathrm{d}\boldsymbol{r} = \int_S (\nabla \times \boldsymbol{B}) \cdot \boldsymbol{n} \, \mathrm{d}S$$

を用いると，

$$\int_S (\nabla \times \boldsymbol{B} - \mu_0 \boldsymbol{j}) \cdot \boldsymbol{n} \, \mathrm{d}S = 0$$

が得られる．いま，任意の領域でこの式が成り立つためには，被積分関数が常にゼロであることが必要なので，

$$\nabla \times \boldsymbol{B}(\boldsymbol{r}) = \mu_0 \boldsymbol{j}(\boldsymbol{r})$$

が導かれる．

例題 7.8 　　**図 7.13** に示すように，導線を単位長さあたり n 回の割合で円筒形に巻いたコイルに大きさ I の定常電流を流す．そのときに生じる磁束密度を求めよ．ただし，コイルは十分長いとする．このようなコイルのことをソレノイドコイル (solenoid type coil) という．

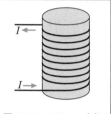

図 7.13　ソレノイド

解答 　コイルの対称性から，発生する磁束密度はコイルの軸と平行になる．いま，**図 7.14** に示すように，コイルの一部を含む長方形の閉曲線 C を考える．閉曲線のコイルの軸方向の長さを l とする．この閉曲線 C にアンペールの法則を適用すると，この経路のコイルの軸に垂直な経路の長さを変化させても閉曲線を貫く電流の量は変化

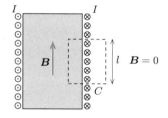

図 7.14　ソレノイドの断面

しないので，少なくともコイルの中と外で，それぞれ磁束密度 B は一定の値でないといけないことがわかる．さらに，コイルの軸から無限に離れると磁束密度はゼロになるべきなので，コイルの外側の磁束密度はいつでもゼロとなる．したがって，このようなコイルでは，コイルの内部に一様な磁束密度が存在し，外部では $B = 0$ であると結論できる．このことを考慮して，アンペールの法則を適用すると，

$$Bl = \mu_0 n I l$$

となる．これより，磁束密度は，コイルの内部だけに一様に存在し，

$$B = \mu_0 n I$$

となる．

注意 　ソレノイドコイルは電気回路の重要な部品であることはよく知られている．電磁気学では，思考実験において，平行板コンデンサーが一様な電場をつくる装置であったのに対して，ソレノイドコイルは一様な磁場をつくる装置である．

例題 7.9　**図 7.15** のように，半径 a の円柱状の導体に一様な
電流が流れている．円柱の中心からの距離を r として磁束密度
$\boldsymbol{B}(r)$ を求めよ．

図 7.15　円柱状の導体
を流れる電流

解答　(i)　$r > a$（導体の外部）のとき

導体の軸に垂直な平面内で半径 r の円を考えて，アンペールの法則を適用する．

$$\oint \boldsymbol{B} \cdot \mathrm{d}\boldsymbol{r} = \mu_0 I$$

これより，$2\pi r B = \mu_0 I$ なので，

$$B(r) = \frac{\mu_0 I}{2\pi r}$$

となる．ただし，$\boldsymbol{B}$ の方向は，電流方向に右ネジが進むような回転方向である．

(ii)　$r \leq a$（導体の内部）のとき

導体内部では，半径 r の円の内部の電流 I' は，$I' = (r/a)^2 I$ なので，

$$B(r) = \frac{\mu_0 I'}{2\pi r} = \frac{\mu_0 I}{2\pi a^2} r$$

となる．ただし，$\boldsymbol{B}$ の方向は，電流方向に右ネジが進むような回転方向である．

7.4　ベクトルポテンシャル

7.4.1　ベクトルポテンシャル

第 3 章で説明したように，電場 $\boldsymbol{E}$ には，静電ポテンシャル ϕ のスカラー場が対応していて，どちらかがわかれば，簡単な計算により，もう一方を知ることができた．本項では，磁束密度 $\boldsymbol{B}$ に対応したポテンシャルを考えよう．静磁場の性質を考えるとき，基本方程式として，ガウスの法則とアンペールの法則から出発する．

$$\nabla \cdot \boldsymbol{B} = 0 \tag{7.14}$$

$$\nabla \times \boldsymbol{B}(r) = \mu_0 \boldsymbol{j}(r) \tag{7.15}$$

3.2 節で示したように，静電場のスカラーポテンシャルが成り立つ条件は，電場が渦なしベクトルの場であること，すなわち，

$$\nabla \times \boldsymbol{E} = 0 \tag{7.16}$$

であった．しかし静磁場では，アンペールの法則があるので，磁気的なスカラーポテンシャルが定義できない．磁気的なポテンシャルはどのように定義すればよいのであろうか．

　磁場に関するポテンシャルは，静電場のスカラーポテンシャルとは違った形で存在することが知られている．ポテンシャルはスカラー場ではなく，ベクトル場の形式で表現されるのである．このようなポテンシャルをベクトルポテンシャル (vector potential) という．磁場に関するベクトルポテンシャルを導いてみよう．

　最初に，磁場に関するガウスの法則から出発する．ベクトル公式 $\nabla \cdot (\nabla \times \boldsymbol{A}) = 0$ から，この磁束密度 $\boldsymbol{B}$ には，いつでも

$$\boldsymbol{B} = \nabla \times \boldsymbol{A} \tag{7.17}$$

を満たすベクトル $\boldsymbol{A}$ が存在することがわかる．この $\boldsymbol{A}$ のことをベクトルポテンシャルとよぶ．以上のことから，磁束密度の発散がゼロになること（$\nabla \cdot \boldsymbol{B} = 0$：磁場に関するガウスの法則）がベクトルポテンシャル存在の条件になることもわかる．

例題 7.10　　数学公式 $\nabla \cdot (\nabla \times \boldsymbol{A}) = 0$ を証明せよ．

解答

$$\nabla \cdot (\nabla \times \boldsymbol{A}) = \frac{\partial}{\partial x}\left(\frac{\partial A_z}{\partial y} - \frac{\partial A_y}{\partial z}\right) + \frac{\partial}{\partial y}\left(\frac{\partial A_x}{\partial z} - \frac{\partial A_z}{\partial x}\right)$$
$$+ \frac{\partial}{\partial z}\left(\frac{\partial A_y}{\partial x} - \frac{\partial A_x}{\partial y}\right)$$
$$= \frac{\partial^2 A_z}{\partial x \partial y} - \frac{\partial^2 A_y}{\partial x \partial z} + \frac{\partial^2 A_x}{\partial y \partial z} - \frac{\partial^2 A_z}{\partial y \partial x} + \frac{\partial^2 A_y}{\partial z \partial x} - \frac{\partial^2 A_x}{\partial z \partial y}$$

偏微分の順番を入れ替えると，すべての項がキャンセルするので，

$$\nabla \cdot (\nabla \times \boldsymbol{A}) = 0$$

が成り立つ．

　ベクトルポテンシャルは，スカラーポテンシャルに比べると，複雑でイメージをつかむのが難しいこともあり，違和感をもつ読者も多いと思う．ここでは，静電ポテンシャルとの対応から，ベクトルポテンシャルを考えよう．

　電荷密度 $\rho(\boldsymbol{r})$ が与えられたとき，静電ポテンシャルは，微小電荷のつくるポテンシャルの重ね合わせとして，次のように定義できる．

$$\phi(\boldsymbol{r}) = \frac{1}{4\pi\varepsilon_0} \int \frac{\rho(\boldsymbol{r}')}{|\boldsymbol{r}-\boldsymbol{r}'|} \, \mathrm{d}V' \tag{7.18}$$

電場のクーロンの法則も，磁束密度のビオ–サバールの法則も逆2乗則であることに注目して，ベクトルポテンシャルが次のように書けると仮定する.

$$\boldsymbol{A}(r) = \frac{\mu_0}{4\pi} \int \frac{\boldsymbol{j}(\boldsymbol{r}')}{|\boldsymbol{r}-\boldsymbol{r}'|} \, \mathrm{d}V' \tag{7.19}$$

ここで，電流は $\boldsymbol{r}'$ の位置に存在するとした．この式からビオ–サバールの法則が導出できれば，この仮定が正しいといえる．それを次の例題で確認しよう.

例題 7.11 ベクトルポテンシャルの式 (7.19) から出発して，ビオ–サバールの法則を導け.

解答 磁束密度 $\boldsymbol{B}$ はベクトルポテンシャルを用いて次のように書ける.

$$\boldsymbol{B} = \nabla \times \boldsymbol{A}$$

式 (7.19) により，

$$\boldsymbol{B}(\boldsymbol{r}) = \frac{\mu_0}{4\pi} \nabla \times \left(\int \frac{\boldsymbol{j}(\boldsymbol{r}')}{|\boldsymbol{r}-\boldsymbol{r}'|} \, \mathrm{d}V' \right)$$

となり，x 成分をとってみると，

$$B_x(\boldsymbol{r}) = \frac{\mu_0}{4\pi} \left[\frac{\partial}{\partial y} \left(\int \frac{j_z(\boldsymbol{r}')}{|\boldsymbol{r}-\boldsymbol{r}'|} \, \mathrm{d}V' \right) - \frac{\partial}{\partial z} \left(\int \frac{j_y(\boldsymbol{r}')}{|\boldsymbol{r}-\boldsymbol{r}'|} \, \mathrm{d}V' \right) \right]$$

となる．ここで，

$$\frac{\partial}{\partial y} \frac{1}{|\boldsymbol{r}-\boldsymbol{r}'|} = \frac{\partial}{\partial y}[(x-x')^2 + (y-y')^2 + (z-z')^2]^{-1/2} = -\frac{y-y'}{|\boldsymbol{r}-\boldsymbol{r}'|^3}$$

$$\frac{\partial}{\partial z} \frac{1}{|\boldsymbol{r}-\boldsymbol{r}'|} = -\frac{z-z'}{|\boldsymbol{r}-\boldsymbol{r}'|^3}$$

となることから，

$$B_x(\boldsymbol{r}) = \frac{\mu_0}{4\pi} \int \frac{j_y(\boldsymbol{r}')(z-z') - j_z(\boldsymbol{r}')(y-y')}{|\boldsymbol{r}-\boldsymbol{r}'|^3} \mathrm{d}V'$$

$$= \frac{\mu_0}{4\pi} \int \frac{\{\boldsymbol{j}(\boldsymbol{r}') \times (\boldsymbol{r}-\boldsymbol{r}')\}_x}{|\boldsymbol{r}-\boldsymbol{r}'|^3} \mathrm{d}V'$$

となる．この式は，x, y, z に関して対称な形をしているので，まとめると次式のように書ける.

$$\boldsymbol{B}(\boldsymbol{r}) = \frac{\mu_0}{4\pi} \int \frac{\boldsymbol{j}(\boldsymbol{r}') \times (\boldsymbol{r}-\boldsymbol{r}')}{|\boldsymbol{r}-\boldsymbol{r}'|^3} \mathrm{d}V'$$

これは，式 (7.9) で示したビオ–サバールの法則である.

これで，式 (7.19) で定義されたベクトルポテンシャルから，磁束密度が計算できることがわかった．以下の例題では，直接ビオ－サバールの法則を適用せず，式 (7.19) から磁束密度を求めてみる．例題 7.12 のように単純な問題では，直接ビオ－サバールの法則を適用するほうが簡単であるが，問題が複雑になると，直接ビオ－サバールの法則を適用するよりも，式 (7.19) からベクトルポテンシャル $\boldsymbol{A}$ を計算し，$\boldsymbol{B} = \nabla \times \boldsymbol{A}$ によって磁束密度を求めるほうが簡単な場合もある．

> **例題 7.12** z 軸に沿って直線上を流れる大きさ I の定常電流のつくるベクトルポテンシャル $\boldsymbol{A}$ と磁束密度 $\boldsymbol{B}$ を求めよ．ただし，電流を流す導線の長さは十分に長いとする．

解答 $\boldsymbol{j} = (0, 0, I/\mathrm{d}x'\mathrm{d}y')$，$\mathrm{d}V' = \mathrm{d}x'\mathrm{d}y'\mathrm{d}z'$ とすると，式 (7.19) により，ベクトルポテンシャル $\boldsymbol{A}$ は以下のように書かれる．

$$A_x = A_y = 0$$

$$A_z = \frac{\mu_0 I}{4\pi} \int_{-\infty}^{\infty} \frac{\mathrm{d}z'}{\sqrt{x^2 + y^2 + (z - z')^2}}$$

いま，A_z の積分は発散するので，積分区間を $(z - l, z + l)$ として，$z' - z = t$ とおくと，

$$A_z = \frac{\mu_0 I}{4\pi} \int_{-l}^{l} \frac{\mathrm{d}t}{\sqrt{x^2 + y^2 + t^2}} = \frac{\mu_0 I}{4\pi} [\log_e(\sqrt{x^2 + y^2 + t^2} + t)]_{-l}^{l}$$

$$= \frac{\mu_0 I}{4\pi} \log_e \left(\frac{\sqrt{x^2 + y^2 + l^2} + l}{\sqrt{x^2 + y^2 + l^2} - l} \right)$$

となる．ここで，電流を流す導線の長さは十分に長いことを考えているので，$l \gg \sqrt{x^2 + y^2}$ とすると，対数中の分子は $2l$ になり，分母は $(x^2 + y^2)/2l$ になる．$r = \sqrt{x^2 + y^2}$ とおくと，

$$A_z = \frac{\mu_0 I}{4\pi} \log_e \frac{4l^2}{r^2} = \frac{\mu_0 I}{2\pi} \log_e \frac{2l}{r}$$

となる．磁束密度 $\boldsymbol{B}$ は，$\boldsymbol{B} = \nabla \times \boldsymbol{A}$ から求められる．

$$B_x = \frac{\partial A_z}{\partial y} = -\frac{\mu_0 I}{2\pi r} \frac{\partial r}{\partial y} = -\frac{\mu_0 I}{2\pi r} \frac{y}{r}$$

$$B_y = -\frac{\partial A_z}{\partial x} = \frac{\mu_0 I}{2\pi r} \frac{\partial r}{\partial x} = -\frac{\mu_0 I}{2\pi r} \frac{x}{r}$$

$$B_z = 0$$

ここで $|\boldsymbol{B}| = \mu_0 I/2\pi r$ となり，例題 7.9 の (i) $r > a$ のときの定常電流がつくる磁束密度の解と一致する．

7.4.2 ベクトルポテンシャルのラプラス–ポアッソン方程式

3.2 節では，静電ポテンシャルがポアッソン方程式を満たすことを解説した．

$$\triangle \phi(\boldsymbol{r}) = -\frac{\rho}{\varepsilon_0} \tag{7.20}$$

本項では，ベクトルポテンシャルもポアッソン方程式を満たすことを示そう．ここでは，アンペールの法則

$$\nabla \times \boldsymbol{B}(\boldsymbol{r}) = \mu_0 \boldsymbol{j}(\boldsymbol{r}) \tag{7.21}$$

から出発する．これに式 (7.17) で与えたベクトルポテンシャルの定義を代入する．ベクトル公式 $\nabla \times (\nabla \times \boldsymbol{A}) = -\nabla^2 \boldsymbol{A} + \nabla(\nabla \cdot \boldsymbol{A})$ を適用し，もし $\nabla \cdot \boldsymbol{A} = 0$ であれば，

$$\triangle \boldsymbol{A}(\boldsymbol{r}) = -\mu_0 \boldsymbol{j}(\boldsymbol{r}) \tag{7.22}$$

となる．このベクトル公式の証明は第 1 章の演習問題 1.3 を参照されたい．式 (7.22) はベクトルの形をしているが，各成分は，静電ポテンシャルのポアッソン方程式とまったく同じ関数形をしていることがわかる．

例題 7.13 静的なベクトルポテンシャル $\boldsymbol{A}$ が式 (7.19) で定義されるとき，$\nabla \cdot \boldsymbol{A} = 0$ となることを示せ．

解答 式 (7.19) の発散をとると，

$$\nabla \cdot \boldsymbol{A} = \frac{\mu_0}{4\pi} \nabla \cdot \left(\int \frac{\boldsymbol{j}(\boldsymbol{r}')}{|\boldsymbol{r} - \boldsymbol{r}'|} \mathrm{d}V' \right)$$

となる．いま，∇ は $\boldsymbol{r}$ だけに作用することに注意すると，

$$\nabla \cdot \boldsymbol{A} = \frac{\mu_0}{4\pi} \int \boldsymbol{j}(\boldsymbol{r}') \cdot \left(\nabla \frac{1}{|\boldsymbol{r} - \boldsymbol{r}'|} \right) \mathrm{d}V'$$

となる．ここで，$R = |\boldsymbol{r} - \boldsymbol{r}'|$ とし，$\nabla' = (\partial/\partial x', \partial/\partial y', \partial/\partial z')$ とする．

$$\nabla \frac{1}{|\boldsymbol{r} - \boldsymbol{r}'|} = -\nabla' \frac{1}{|\boldsymbol{r} - \boldsymbol{r}'|}$$

を用いると，

$$\nabla \cdot \boldsymbol{A} = -\frac{\mu_0}{4\pi} \int \boldsymbol{j}(\boldsymbol{r}') \cdot \left(\nabla' \frac{1}{R} \right) \mathrm{d}V'$$

と書ける．ベクトル恒等式

$$\nabla' \cdot \left(\frac{\boldsymbol{j}(\boldsymbol{r}')}{R} \right) = \frac{1}{R} \nabla' \cdot \boldsymbol{j}(\boldsymbol{r}') + \boldsymbol{j}(\boldsymbol{r}') \cdot \nabla' \frac{1}{R}$$

は，定常電流の電荷保存則 $\nabla' \cdot \boldsymbol{j}(\boldsymbol{r}') = 0$ を考慮すると，

$$j(r') \cdot \nabla' \frac{1}{R} = \nabla' \cdot \left(\frac{j(r')}{R} \right)$$

となる．これを代入すると，次のように書ける．

$$\nabla \cdot A = -\frac{\mu_0}{4\pi} \int \nabla' \cdot \left(\frac{j(r')}{R} \right) dV'$$

これにガウスの定理を適用すると，

$$\nabla \cdot A = -\frac{\mu_0}{4\pi} \int \frac{j(r')}{R} \cdot n \, dS'$$

となる．電流の分布が有限の領域に限られていれば，この表面積分の積分領域を電流が分布する領域の外にとると，この積分はゼロになる．したがって，$\nabla \cdot A = 0$ が示された．

 演習問題

7.1　図 **7.16** に示すように，半径 a の円電流 I がつくる磁場を考える．円の中心を通り，円に垂直な軸（z 軸）上の磁束密度を求めよ．

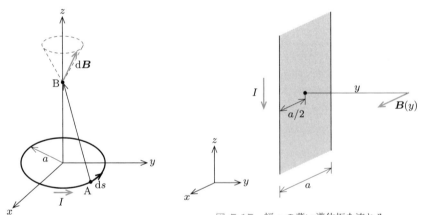

図 7.16　円電流のつくる磁場

図 7.17　幅 a の薄い導体板を流れる電流がつくる磁場

7.2　図 **7.17** に示すように，有限の幅 a の薄い導体板を流れる電流 I がつくる磁場を考える．幅 a の板の中心を原点とし，y 軸上の磁束密度 $B(y)$ を求めよ．ただし，板は無限に長いとする．

7.3　外径 a，内径 b の無限に長い中空共軸円筒導体に電流 I が一様に流れている．磁束密度度 B の大きさを半径 r の関数として示せ．

7.4　以下のように磁束密度 B がベクトル場として与えられるとき，その場をつくっている電流密度を求めよ．ただし，A, A' は定数とし，e_1, e_2, e_3 は x, y, z 方向の単位ベクトルと

する.

$$\boldsymbol{B} = -A(x^2 + y^2)y\boldsymbol{e}_1 + A(x^2 + y^2)x\boldsymbol{e}_2 + A'\boldsymbol{e}_3$$

7.5　磁束密度 $\boldsymbol{B}$ が円柱座標 (ρ, ϕ, z) で以下のように与えられている. その磁束密度をつくっている電流密度を求めよ. ただし, A は定数とし, $\boldsymbol{e}_\rho, \boldsymbol{e}_\phi, \boldsymbol{e}_z$ は ρ, ϕ, z 方向の単位ベクトルとする.

$$\boldsymbol{B} = A\rho k^2 \exp(-k^2 \rho^2)\boldsymbol{e}_\phi$$

7.6　以下に示すような一様な磁束密度 B_0 に対応するベクトルポテンシャル $\boldsymbol{A}$ を求めよ. ただし, そのような $\boldsymbol{A}$ は必ずしも 1 つとは限らないので, そのうち 1 つを示せ. $\boldsymbol{e}_1, \boldsymbol{e}_2, \boldsymbol{e}_3$ は x, y, z 方向の単位ベクトルとする.

$$\boldsymbol{B} = B_0\boldsymbol{e}_1$$

7.7　ベクトルポテンシャル $\boldsymbol{A}$ が以下のように与えられるとき, 磁束密度 $\boldsymbol{B}$ を求めよ. ただし, $\boldsymbol{m} = (m_x, m_y, m_z)$ は定ベクトル, $\boldsymbol{r} = (x, y, z)$, $r^2 = x^2 + y^2 + z^2$ とする.

$$\boldsymbol{A} = \frac{\boldsymbol{m} \times \boldsymbol{r}}{r^3}$$

8

磁性体中の磁場

本章では，微小電流が磁石の磁化をつくるという立場で，電流と磁気モーメントの関係および磁性体の境界面の磁気的な条件について解説する．最後に，磁性体内部の磁束密度の計算法の 1 つである磁気回路についても触れる．

8.1 磁性体の磁気モーメント

8.1.1 物質の磁性

磁石が鉄を引きつけることは，静電気の力と並んで古代ギリシアの時代から知られている．プラトンは，著書『イオン』に「マグネシアの石」として磁石のことを述べている．一方，11 世紀，中国では磁石が地上において南北の方向を指すことが発見され，今日でも羅針盤（方位磁針）として使われている．少し注意して身の回りを見渡すと，いろいろな場所で磁石が利用されていることにも気づくであろう．

磁石には N 極と S 極があり，同じ極の間には斥力がはたらき，違う極の間には引力がはたらく．この磁極間にはたらく力は距離の 2 乗に反比例し，磁極に関するクーロンの法則として知られている．このことから，磁極にはたらく磁気的な力と電荷にはたらく電気的な力は類似した性質を示すようにみえる．しかし，以下で述べるように，両者には本質的な違いも存在するのである．

相違点としては，電荷は単独で取り出すことができるのに対して，磁極は単独で取り出すことはできない．いま，一本の棒磁石を考えよう．棒磁石の両端には，それぞれ，N 極と S 極が存在する．**図 8.1** に示すように，棒磁石を 2 つに分けても，分けられた磁石のそれぞれの両端には，再び N 極と S 極が存在することになる．これを何回繰り返しても，単独で片方の磁極を取り出すことは不可能である．電場の電荷に対応

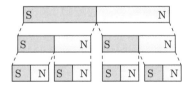

図 8.1 磁石の分割

するような単磁極 (monopole) は存在しないのである．このことは，電気と磁気の原因の本質的な違いを示している．

前章で述べたように，エルステッドは電流が流れるとその周りに磁気的な作用が現れることを発見した．電流が磁場をつくるのである．このことは，磁石の N 極と S 極を特徴付ける量（磁化，8.2 節参照）の原因も，磁極ではなく微小な電流にあると考えることを可能にする．一方，歴史的には，磁場の研究は磁極に関するクーロンの法則から始まった．これは磁場の原因を磁極に置いた考え方であり，エルステッドの発見とはまさに対照的である．このような背景により，今日の電磁気学には 2 種類の立場の理論体系が存在するのである．

電流が磁場をつくるという立場を E – B 対応 (E – B analogy) とよぶ．これは，電場 **E** と磁束密度 **B** が電荷や電流に力を及ぼす基本的な物理量と考える立場である．本書でも電荷と電流にはたらく力は，それぞれ，**E** と **B** を用いて定義している．他方，単磁極が磁場をつくるという立場を E – H 対応 (E – H analogy) とよぶ．この **H** は磁場 (magnetic field) とよばれる，磁束密度とは異なる量である（8.2.2 項参照）．

古典電磁気学の範囲で磁石の性質の原因（磁化）について考えよう．第 3 章で説明した電気双極子モーメントとの対応から，磁石の原因は，何か小さな磁気的な双極子モーメントの集まりであることは容易に類推できる．E – H 対応では，仮想的に単磁極を想定するので，**図 8.2**(a) に示すような単磁極のペアが必要になり，これは磁気双極子モーメント (magnetic dipole moment) とよばれる．一方，E – B 対応では，電流が磁場をつくるのであるから，図 (b) に示すように，小さな回転電流が必要になる．これは磁気モーメント (magnetic moment) とよばれている．どちらも現実には存在しないので，測定できない量ということになり，このあたりが古典電磁学の限界を示している．磁石の磁化をつくっている磁気モーメントを正確に説明するには，量子力学の知識が必要になる．

最近の電磁気学の考え方は E – B 対応が主流になっているようであるが，電磁気学

（a）磁気双極子モーメント　　（b）磁気モーメントと磁束密度

図 8.2　磁石は，これらの要素の集まりと考えられる．

の教科書を眺めてみると，E–B 対応と E–H 対応の説明が混在しているものが多いように感じられる．これまでの研究の歴史的な経緯からきているのであろう．本書では，どちらの形式が優れているかといったことを議論する前に，どちらか 1 つの立場で統一的に物理の体系を学ぶことにメリットがあると考えて，E–B 対応の形式で統一する．

8.1.2　回転電流による磁気モーメント

磁石の磁化は磁気モーメントとよばれる小さな磁石の集まりであり，磁石の周りには磁気的な場がつくられる．この磁気モーメントは，前項でも説明したように，少なくとも E–B 対応の古典電磁気学の範囲では，仮想的な小さな回転電流を用いて説明できる[†]．本項では，小さな回転電流のつくる磁束密度の場を計算し，これが電気双極子モーメントがつくる電場に対応していることを確認しよう．

図 8.3 に示すように，1 辺 a の正方形 A → B → C → D → A の小さな回路に強さ I の電流を流し，この電流がつくる磁束密度の場を考える．この回路は磁気的な場を考える領域に比べて十分小さいと考えて，正方形の 4 辺を流れる電流をそれぞれ電流素片と見なすことにする．すなわち，辺 AB, BC, CD, DA の各電流素片のつくる磁束密度 $\boldsymbol{B}$ を足し合わせる．ビオ–サバールの法則 (7.8) を用いると，位置 $\boldsymbol{r}'$ に存在する電流素片 $I\Delta\boldsymbol{r}'$ が位置 $\boldsymbol{r}$ につくる磁束密度 $\boldsymbol{B}$ は，

$$\Delta\boldsymbol{B}(\boldsymbol{r}) = \frac{\mu_0 I}{4\pi} \cdot \frac{\Delta\boldsymbol{r}' \times (\boldsymbol{r} - \boldsymbol{r}')}{|\boldsymbol{r} - \boldsymbol{r}'|^3} \tag{8.1}$$

と与えられる．ここで，μ_0 は真空の透磁率である．座標 x, y, z 方向の単位ベクトルを $\boldsymbol{e}_1, \boldsymbol{e}_2, \boldsymbol{e}_3$ とする．図から，電流素片の位置ベクトル $\boldsymbol{r}'$ と電流の方向のベクトル $\Delta\boldsymbol{r}'$

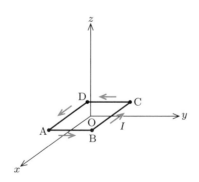

図 8.3　1 辺 a の正方形の回路

[†]　前項でも述べたように，磁石の磁気モーメントを説明するために導入された回転電流は仮想的なものであって，現実には測定できない量であることを注意しておく．

は，辺 AB, BC, CD, DA ついて，それぞれ，$(a/2)\boldsymbol{e}_1, (a/2)\boldsymbol{e}_2, -(a/2)\boldsymbol{e}_1, -(a/2)\boldsymbol{e}_2$ および $a\boldsymbol{e}_2, -a\boldsymbol{e}_1, -a\boldsymbol{e}_2, a\boldsymbol{e}_1$ である．

たとえば，辺 AB の電流が位置 $\boldsymbol{r}$ につくる磁束密度 $\boldsymbol{B}_{\mathrm{AB}}$ は，

$$\boldsymbol{B}_{\mathrm{AB}} = \frac{\mu_0 I a}{4\pi} \cdot \frac{\boldsymbol{e}_2 \times [\boldsymbol{r} - (a/2)\boldsymbol{e}_1]}{|\boldsymbol{r} - (a/2)\boldsymbol{e}_1|^3} \tag{8.2}$$

と表される．最初にも述べたように，この正方形は小さいと考えているので，$|\boldsymbol{r}| \gg a$ である．この近似の範囲で，式 (8.2) を簡単に表したい．まず，分母の逆数は

$$|\boldsymbol{r} - (a/2)\boldsymbol{e}_1|^{-3} = \left|\left(x - \frac{a}{2}\right)^2 + y^2 + z^2\right|^{-3/2} \approx [|\boldsymbol{r}|^2 - a(\boldsymbol{r} \cdot \boldsymbol{e}_1)]^{-3/2}$$

$$= \frac{1}{r^3}\left[1 - \frac{a(\boldsymbol{r} \cdot \boldsymbol{e}_1)}{r^2}\right]^{-3/2} \approx \frac{1}{r^3}\left[1 + \frac{3a(\boldsymbol{r} \cdot \boldsymbol{e}_1)}{2r^2}\right] \tag{8.3}$$

と近似できる．ここで，1 次の近似式 $(1+x)^n = 1 + nx$ を用いた．さらに，a^2/r^2 の項を無視してまとめると，

$$\begin{aligned}\boldsymbol{B}_{\mathrm{AB}} &= \frac{\mu_0 I a}{4\pi r^3} \cdot \boldsymbol{e}_2 \times \left(\boldsymbol{r} - \frac{a\boldsymbol{e}_1}{2}\right)\left[1 + \frac{3a(\boldsymbol{r} \cdot \boldsymbol{e}_1)}{2r^2}\right] \\ &\approx \frac{\mu_0 I a}{4\pi r^3}\left[\boldsymbol{e}_2 \times \boldsymbol{r} + \frac{a}{2}\boldsymbol{e}_1 \times \boldsymbol{e}_2 + \frac{3a(\boldsymbol{r} \cdot \boldsymbol{e}_1)}{2r^2}\boldsymbol{e}_2 \times \boldsymbol{r}\right]\end{aligned} \tag{8.4}$$

となる．ほかの辺の電流がつくる磁場も同様に近似を用いると，

$$\begin{aligned}\boldsymbol{B}_{\mathrm{BC}} &\approx \frac{\mu_0 I a}{4\pi r^3}\left[-\boldsymbol{e}_1 \times \boldsymbol{r} + \frac{a}{2}\boldsymbol{e}_1 \times \boldsymbol{e}_2 - \frac{3a(\boldsymbol{r} \cdot \boldsymbol{e}_2)}{2r^2}\boldsymbol{e}_1 \times \boldsymbol{r}\right] \\ \boldsymbol{B}_{\mathrm{CD}} &\approx \frac{\mu_0 I a}{4\pi r^3}\left[-\boldsymbol{e}_2 \times \boldsymbol{r} + \frac{a}{2}\boldsymbol{e}_1 \times \boldsymbol{e}_2 + \frac{3a(\boldsymbol{r} \cdot \boldsymbol{e}_1)}{2r^2}\boldsymbol{e}_2 \times \boldsymbol{r}\right] \\ \boldsymbol{B}_{\mathrm{DA}} &\approx \frac{\mu_0 I a}{4\pi r^3}\left[\boldsymbol{e}_1 \times \boldsymbol{r} + \frac{a}{2}\boldsymbol{e}_1 \times \boldsymbol{e}_2 - \frac{3a(\boldsymbol{r} \cdot \boldsymbol{e}_2)}{2r^2}\boldsymbol{e}_1 \times \boldsymbol{r}\right]\end{aligned} \tag{8.5}$$

と書ける．これら 4 辺からの寄与を足し合わせると，回転電流のつくる磁束密度 $\boldsymbol{B}(\boldsymbol{r})$ は以下のようになる．

$$\boldsymbol{B}(\boldsymbol{r}) = \frac{\mu_0 I a^2}{4\pi r^3} \cdot \left\{2(\boldsymbol{e}_1 \times \boldsymbol{e}_2) + \frac{3}{r^2}[(\boldsymbol{r} \cdot \boldsymbol{e}_1)\boldsymbol{e}_2 - (\boldsymbol{r} \cdot \boldsymbol{e}_2)\boldsymbol{e}_1] \times \boldsymbol{r}\right\} \tag{8.6}$$

これで磁束密度が得られたことになるが，もう少し見通しのよい形式に書き換えよう．いま，回転電流の閉曲面の面積 S は a^2 で与えられ，想定している磁気モーメントの方向は回転電流の面に垂直方向なので，磁気モーメントの方向ベクトルを $\boldsymbol{n}$ とすると，$\boldsymbol{n} = \boldsymbol{e}_1 \times \boldsymbol{e}_2$ と書ける．一方，ベクトル恒等式 $[(\boldsymbol{r} \cdot \boldsymbol{e}_1)\boldsymbol{e}_2 - (\boldsymbol{r} \cdot \boldsymbol{e}_2)\boldsymbol{e}_1] \times \boldsymbol{r} = [(\boldsymbol{e}_1 \times \boldsymbol{e}_2) \times \boldsymbol{r}] \times \boldsymbol{r}$ および $(\boldsymbol{n} \times \boldsymbol{r}) \times \boldsymbol{r} = (\boldsymbol{n} \cdot \boldsymbol{r})\boldsymbol{r} - \boldsymbol{n}r^2$ を用いると，最終的に面積 S の回転電流がつくる磁束密度 $\boldsymbol{B}(\boldsymbol{r})$ は，

$$B(r) = -\frac{\mu_0}{4\pi r^3} \cdot \left[m - \frac{3(m \cdot r)r}{r^2} \right] \tag{8.7}$$

と書ける。この結果は，3.3 節で得た電気双極子のつくる電場 $E(r)$ とまったく同じ関数形をしていることがわかる。ここで，

$$m = ISn \tag{8.8}$$

と書いた。この m を磁気モーメント (magnetic moment) とよぶ。m の単位は $[\text{A·m}^2]$ または $[\text{J/T}]$ となる。証明は省略するが，回転電流のつくる磁気モーメントは，電流が閉じていれば形に依存しないことも知られている。

参考のために，E–H 対応の単位系では，磁気双極子モーメントの定義として，真空の透磁率を掛けて，

$$m = \mu_0 ISn \tag{8.8}'$$

を用いる。この場合，m の単位は $[\text{T·m}^3]$ または $[\text{Wb·m}]$ となる。

例題 8.1 　ボーアのモデルによると，水素原子では，電子は陽子の周りを回転している。電子の運動は半径を a とする円運動であるとして，その磁気モーメントを求めよ。ただし，ここでは磁気モーメントの定義を $m_\text{p} = ISn$ とし，軌道半径を $a = 0.53 \times 10^{-10}$ m，電子の質量を $m = 9.1 \times 10^{-31}$ kg，電子の電荷の大きさを $e = 1.6 \times 10^{-19}$ C，真空の誘電率を $\varepsilon_0 = 8.9 \times 10^{-12}$ F/m として数値を求めよ。

解答 　電子の角速度を ω とする。クーロン力が求心力となって円運動が起こっていると考えると，

$$ma\omega^2 = \frac{e^2}{4\pi\varepsilon_0 a^2}$$

であり，これから，

$$\omega = \frac{e}{\sqrt{4\pi\varepsilon_0 m a^3}}$$

が得られる。電子の回転による電流 I は $I = -e\omega/2\pi$ と書けるので，式 (8.8) より，磁気モーメント m_p は，

$$m_\text{p} = I\pi a^2 = \frac{-e^2 \sqrt{a}}{2\sqrt{4\pi\varepsilon_0 m}} \approx -9.2 \times 10^{-24} \ \text{A·m}^2$$

と求められる。

注意 　この m_p の大きさは，ボーア磁子とよばれている。E–H 対応の単位系では μ_0 を掛けて，$m_\text{p} \approx -1.2 \times 10^{-29}$ Wb·m となる。ここでは，真空の透磁率 μ_0 との混乱を避けるために記号 m_p を用いたが，ボーア磁子には記号 μ_B を用いることがある。

8.2 磁性体の境界条件

8.2.1 磁化ベクトルと磁化電流

本項では，古典電磁気学の範囲で磁石の磁化について考えよう．磁石の磁化を簡単な図で表すと**図 8.4**のようになる．仮想的な小さな回転電流が磁気モーメントをつくる．このとき，単位体積あたりの磁気モーメント m_i の総和は，磁化 (magnetization) とよばれる．体積を V とすると，磁化 M は以下のように定義できる．

$$M = \frac{1}{V} \sum_i m_i \tag{8.9}$$

これが磁石の N 極と S 極の組に相当するもので，静電場における分極に対応する量である．外部から磁場を印加しなくても自発的に磁化が存在する物質を，強磁性体 (ferromagnet) とよぶ．強磁性体でなくても，物質に磁場を印加すると磁化が誘起される．この磁化を誘起磁化 (induced magnetization) とよぶ．

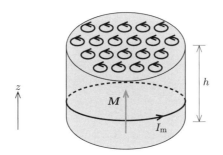

図 8.4 小さな回転電流と磁化ベクトル M

次に，図 8.4 のような小さな回転電流について考えよう．小さな回転電流の総和は，磁化が一様であれば磁性体内部では隣どうしでたがいに打ち消し合うので，最表面を流れる仮想的な電流 $I_{\rm m}$ のみを考えればよい．ただし，この電流 $I_{\rm m}$ [A/m] は，図のように高さ h の部分を流れる電流密度として定義する．このような物質の磁化に伴って生じる仮想的な電流を，磁化電流 (magnetization current) とよぶ．さらに，この磁化電流を単位断面積あたりの電流密度で表したものを磁化電流密度 $j_{\rm m}$ [A/m²] と定義する．これらの電流または電流密度はあくまで仮想的なものであって，測定できる電流ではないことに注意しておく．

この磁化電流を使うと，磁気モーメントの総和は，式 (8.8) より，

$$\sum_i \boldsymbol{m}_i = I_{\mathrm{m}} h S \boldsymbol{e}_3 \tag{8.10}$$

で与えられる．ここで，S は断面積，$\boldsymbol{e}_3$ は円筒の軸方向の単位ベクトルである．hS が体積であることに注意すると，磁化ベクトル $\boldsymbol{M}$ は，

$$\boldsymbol{M} = I_{\mathrm{m}} \boldsymbol{e}_3 \tag{8.11}$$

と書ける．$\boldsymbol{M}$ の単位は，磁化電流と同じ [A/m] である．

図 8.4 に示すように，磁化電流は磁化ベクトルを取り巻いている．これに類似の関係は，前節で示した回転電流と磁束密度の関係でも現れた．このことから，磁束密度と磁化は類似の性質を示すことが推測できる．一方，第 7 章の例題 7.7 のアンペールの法則では，磁束密度の回転が電流密度を与えることが示された．このような類推から，磁化ベクトル $\boldsymbol{M}$ の回転が磁化電流密度 $\boldsymbol{j}_{\mathrm{m}}$ を与えると推測できる．すなわち，

$$\boldsymbol{j}_{\mathrm{m}} = \nabla \times \boldsymbol{M} \tag{8.12}$$

となる．この関係式の一般的な証明は他書にゆずり，以下では，単純な系でこの式が成り立っていることを確認しよう．

図 **8.5** に示すように，磁化ベクトルを z 軸方向にとって，y 軸方向だけに値が変化すると仮定する．すなわち，$\boldsymbol{M} = (0, 0, M(y))$ とする．この場合，$\boldsymbol{M}$ の回転は以下のように書ける．

$$\nabla \times \boldsymbol{M}|_x = \frac{\partial M(y)}{\partial y}, \quad \nabla \times \boldsymbol{M}|_y = \nabla \times \boldsymbol{M}|_z = 0 \tag{8.13}$$

位置 (x, y, z) の周りの局所回転電流を $I(y)$ とすると，式 (8.8) より，その点の磁気モーメント m は $I(y)\Delta x \Delta y$ なので，体積 $\Delta x \Delta y \Delta z$ 中の平均の磁化 $M(y)$ の大きさは，

$$M(y) = \frac{I(y)\Delta x \Delta y}{\Delta x \Delta y \Delta z} = \frac{I(y)}{\Delta z} \tag{8.14}$$

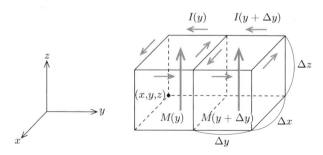

図 8.5 磁化ベクトルと回転電流

となる. いま, y 軸方向に Δy 離れたセルを考えると, M の微分は,

$$\frac{\partial M(y)}{\partial y} = \frac{M(y+\Delta y) - M(y)}{\Delta y} = \frac{I(y+\Delta y) - I(y)}{\Delta y \Delta z} \tag{8.15}$$

と書ける. 図から, $I(y+\Delta y) - I(y)$ は x 軸方向に流れる電流なので, x 軸に垂直な面の面積要素 $\Delta y \Delta z$ で割ると平均の電流密度の成分 j_x となる. したがって,

$$\frac{\partial M(y)}{\partial y} = j_x \tag{8.16}$$

となる. これから, 図 8.5 の場合には, 式 (8.12) が成り立っていることが確認できる.

8.2.2 磁性体を含む系のアンペールの法則

前項では, 古典電磁気学の範囲で磁化の原因が仮想的な磁化電流で説明できることを示した. したがって, E–B 対応で磁性体を考える場合, アンペールの法則には, 真電荷による真電流密度 (true current density) j_t のほかに, この仮想的な磁化電流密度 j_m を考慮する必要がある. すなわち,

$$\nabla \times \boldsymbol{B} = \mu_0 (\boldsymbol{j}_t + \boldsymbol{j}_m) \tag{8.17}$$

となる. この式は, 誘電体中の電場のガウスの法則では分極電荷を考慮する必要があったことに対応する (第 5 章参照). 一方, この磁化電流密度 j_m は仮想的なもので測定できないので, 式 (8.12) を用いて, 測定できる量 $\boldsymbol{M}$ で書き換える.

$$\nabla \times \left(\frac{\boldsymbol{B}}{\mu_0} - \boldsymbol{M} \right) = \boldsymbol{j}_t \tag{8.18}$$

いま, 磁場ベクトル $\boldsymbol{H}$ を以下のように定義する.

$$\boldsymbol{H} = \frac{1}{\mu_0} \boldsymbol{B} - \boldsymbol{M} \tag{8.19}$$

ここで, $\boldsymbol{B}$ と $\boldsymbol{H}$ の単位は, それぞれ, $[\mathrm{Wb/m^2}] = [\mathrm{T}]$ と $[\mathrm{A/m}]$ である.

以上のことから, アンペールの法則は, 磁場ベクトル $\boldsymbol{H}$ を用いて,

$$\nabla \times \boldsymbol{H} = \boldsymbol{j}_t \tag{8.20}$$

と書き換えることができる. これを積分形式で表現するには, ある閉曲面 S を考えて, この式 (8.20) の両辺を表面積分し, ストークスの定理を用いる. この計算は, 例題 7.7 を逆にたどればよい. 結果は, 以下のように与えられる.

$$\oint \boldsymbol{H}(\boldsymbol{r}) \cdot \mathrm{d}\boldsymbol{r} = \int_S \boldsymbol{j}_t(\boldsymbol{r}) \cdot \boldsymbol{n}(\boldsymbol{r}) \mathrm{d}S \tag{8.21}$$

磁性体を扱うときに磁場 $\boldsymbol{H}$ を用いると, 磁化や磁化電流密度の効果を直接考えな

くてもよいので便利である．本書では，これまでに，$\boldsymbol{B}$ と $\boldsymbol{H}$ を使ったアンペールの法則を示した．$\boldsymbol{B}$ で書かれたアンペールの法則は電流に磁化電流の寄与が含まれており，$\boldsymbol{H}$ で書かれた式には磁化電流の寄与が含まれていない．これらの違いには注意が必要である．このことは，電場 $\boldsymbol{E}$ でガウスの法則を記述するときの電荷密度は真電荷と分極電荷の和であるが，電束密度 $\boldsymbol{D}$ でガウスの法則を記述するときの電荷密度は真電荷だけであることに対応している．

ここで，E–B 対応の考え方をまとめておこう．電場 $\boldsymbol{E}$ と磁束密度 $\boldsymbol{B}$ は，それぞれ電荷と電流にはたらく力の場 (force field) を与え，一方，真電荷と真電流は，それぞれその周りの空間に電束密度 $\boldsymbol{D}$ と磁場 $\boldsymbol{H}$ を発生させる．この $\boldsymbol{D}$ と $\boldsymbol{H}$ は，真電荷と真電流という源がつくる場という意味で源の場 (source field) とよばれており，すでに説明したように，$\boldsymbol{D}$ と $\boldsymbol{H}$ は，それぞれ，分極電荷と磁化電流の影響を受けないことになる．

最後に，磁性体に磁気的な場を印加したとき誘起される磁化について考えよう．磁性体にコイルを巻いて磁気的な場を印加するとき，磁化電流に影響されず，直接電流で制御できる場は磁場 $\boldsymbol{H}$ なので，実験的な立場からは $\boldsymbol{H}$ が印加されると考えることが妥当であろう[1]．アンペールの法則で磁場 $\boldsymbol{H}$ を求めるとき，誘起磁化による磁化電流を自動的に排除できるメリットもある．このとき磁性体内部には，磁場 $\boldsymbol{H}$ によって誘起磁化 $\boldsymbol{M}$ が発生する．弱い磁場で両者が比例する場合，

$$\boldsymbol{M} = \chi_{\mathrm{m}}\boldsymbol{H} \tag{8.22}$$

と書ける．この無次元量 χ_{m} を磁化率 (magnetic susceptibility) とよぶ．式 (8.19) を用いて $\boldsymbol{M}$ を消去すると，

表 8.1　典型的な物質の磁化率[2]

物質	磁化率
空気	3.6×10^{-7}
O_2	1.9×10^{-6}
Li	2.6×10^{-5}
Al	2.1×10^{-5}
Ni	~ 250[3]
Fe	~ 7000[3]

[1] 本項の磁化率と透磁率の説明では，慣習に合わせて，力の場を磁場 $\boldsymbol{H}$ とした．一方，ゾンマーフェルト (A. J. Sommerfeld) (E–B 対応推奨者) が書いた教科書「熱力学および統計力学」では，磁性体に印加される示強的な力の場を磁束密度の次元をもつ $\mu_0\boldsymbol{H}(=\boldsymbol{B}-\mu_0\boldsymbol{M})$ とすることを提案している．

[2] 磁化率では，kg や mol あたりの値を表示する場合があるので注意が必要である．

[3] Ni や Fe は強磁性体とよばれる物質で，その磁化率は温度に著しく依存する．表の値は参考値である．

$$\boldsymbol{B} = \mu_0(1 + \chi_{\mathrm{m}})\boldsymbol{H} = \mu_0\mu_{\mathrm{r}}\boldsymbol{H} = \mu\boldsymbol{H} \tag{8.23}$$

が得られる．無次元量 μ_{r} は比透磁率 (relative magnetic permittivity)，$\mu\,[\mathrm{H/m}]$ ($=$ $[\mathrm{N/A^2}]$) は透磁率 (magnetic permeability) とよばれている．（単位 $[\mathrm{H}]$（ヘンリー）については次章で述べる．）いろいろな物質の磁化率を**表 8.1** にまとめて示す．

例題 8.2　断面積が S で，単位長さあたり n 回巻きの十分に長いソレノイドコイルを考える．このコイルの中には，**図 8.6** のように，透磁率 μ_1 と μ_2 の 2 種類の磁性体がコイルと絶縁されて挿入されている．このコイルに電流 I を流すとき，コイル内の磁束密度とコイルの断面を貫く磁束 $\Phi^{\dagger}$ を求めよ．

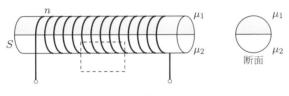

図 8.6　2 種類の磁性体が挿入されたコイル

解答　図 8.6 のように，点線で描かれた長方形の閉曲線に磁場 $\boldsymbol{H}$ に関するアンペールの法則を適用すると，

$$H = nI$$

となる．ここで，H は $\boldsymbol{H}$ の大きさである．また，$\boldsymbol{H}$ は磁化電流によらないので，この閉曲線はどちらの磁性体の領域を通っていてもかまわない．これより，磁束密度 B は以下のように求められる．

$$B = \mu_1 H = \mu_1 nI \quad \text{（透磁率 } \mu_1 \text{ の磁性体の内部）}$$
$$B = \mu_2 H = \mu_2 nI \quad \text{（透磁率 } \mu_2 \text{ の磁性体の内部）}$$

コイルの断面を貫く磁束 Φ は以下である．

$$\Phi = \frac{\mu_1 + \mu_2}{2} nSI$$

　誘電体を考えるときに電束密度 $\boldsymbol{D}$ が便利であったように，磁性体を考えるときに磁場 $\boldsymbol{H}$ は便利な量であることがわかる．

---

† 磁束の定義は，p. 88 と p. 126 に示してある．

8.2.3 磁性体の境界条件

第 5 章では，誘電率の違う 2 つの誘電体の境界面における境界条件について説明した．磁性体の境界面でも同様の境界条件が存在するはずである．本項では，異なる透磁率をもつ 2 つの磁性物質を接触させたとき，その境界面において磁束密度 $\boldsymbol{B}$ と磁場 $\boldsymbol{H}$ に要求される境界条件を求めよう．2 種類の磁性体の透磁率をそれぞれ μ_1 と μ_2 とする．**図 8.7** のように，この境界面を取り囲むきわめて薄い微小領域を考える．その領域の面積を ΔS，厚さ l として，ガウスの法則 (7.10)

$$\int \boldsymbol{B} \cdot \boldsymbol{n}\, \mathrm{d}S = 0 \tag{8.24}$$

を適用すると，

$$\boldsymbol{B}_1 \cdot \boldsymbol{n}_1 \Delta S + \boldsymbol{B}_2 \cdot \boldsymbol{n}_2 \Delta S = 0 \tag{8.25}$$

と書かれる．図より，明らかに $\boldsymbol{n}_1 = -\boldsymbol{n}_2$ なので，これを $\boldsymbol{n}(= \boldsymbol{n}_1 = -\boldsymbol{n}_2)$ とおくと，

$$(\boldsymbol{B}_1 - \boldsymbol{B}_2) \cdot \boldsymbol{n} = (\mu_1 \boldsymbol{H}_1 - \mu_2 \boldsymbol{H}_2) \cdot \boldsymbol{n} = 0 \tag{8.26}$$

となる．この式から，異なる透磁率をもつ磁性体の境界面では，磁束密度 $\boldsymbol{B}$ の法線成分は連続になることがわかる．また，磁場 $\boldsymbol{H}$ の法線成分は連続ではないことも確認できる．

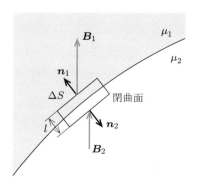

図 8.7　異なる透磁率をもつ磁性体の境界面（法線成分）

次に，境界面の接線成分についての条件も明らかにしておこう．**図 8.8** のように，この境界面を取り囲む閉曲線を考える．ここで，それぞれの領域の透磁率を μ_1 と μ_2 とする．境界線に平行な単位ベクトルを

$$\boldsymbol{t} = \boldsymbol{t}_1 = -\boldsymbol{t}_2 \tag{8.27}$$

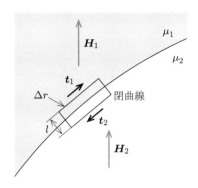

図 8.8　異なる透磁率をもつ磁性体の境界面（接線成分）

とする．境界面で真電流が流れていなければ，問題になるのは磁化電流だけである．アンペールの法則を磁場 $\boldsymbol{H}$ で書くと，磁化電流の影響を無視できるので，

$$\oint \boldsymbol{H} \cdot \mathrm{d}\boldsymbol{r} = 0 \tag{8.28}$$

と書ける．図の微小閉曲線にこの式を適用すると，

$$\boldsymbol{H}_1 \cdot \boldsymbol{t}_1 \Delta r + \boldsymbol{H}_2 \cdot \boldsymbol{t}_2 \Delta r = (\boldsymbol{H}_1 - \boldsymbol{H}_2) \cdot \boldsymbol{t} \Delta r = 0 \tag{8.29}$$

となる．この式から，異なる透磁率をもつ磁性体の境界面では，磁場 $\boldsymbol{H}$ の接線方向の成分は連続になることがわかる．一方，式 (8.29) を書き換えた式

$$\left(\frac{1}{\mu_1} \boldsymbol{B}_1 - \frac{1}{\mu_2} \boldsymbol{B}_2 \right) \cdot \boldsymbol{t} = 0 \tag{8.30}$$

から，磁束密度 $\boldsymbol{B}$ の接線方向の成分は連続ではないことが確認できる．

　以上の結果を用いて，磁場 $\boldsymbol{H}$ あるいは磁束密度 $\boldsymbol{B}$ に関する磁性体の境界面での条件を考察しよう．**図 8.9** に示すように，磁束密度の法線方向の連続性の式 (8.26) から，

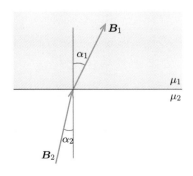

図 8.9　磁束密度または磁場の屈折の法則

$$|\boldsymbol{B}_1| \cos \alpha_1 = |\boldsymbol{B}_2| \cos \alpha_2 \tag{8.31}$$

と書かれ，一方，接線成分については，式 (8.30) から，

$$\frac{1}{\mu_1} |\boldsymbol{B}_1| \sin \alpha_1 = \frac{1}{\mu_2} |\boldsymbol{B}_2| \sin \alpha_2 \tag{8.32}$$

と書ける．これらを組み合わせると，

$$\frac{\tan \alpha_1}{\tan \alpha_2} = \frac{\mu_1}{\mu_2} = 一定 \tag{8.33}$$

が得られる．これはまさに，屈折の法則を表している．これらは，異なる透磁率をもつ物質の境界面を計算するときに重要な条件である．

　誘電体と磁性体の境界条件を**図 8.10** にまとめる．誘電体の境界面で $D_\perp$ と $E_{/\!/}$ が連続で，磁性体の境界面で $B_\perp$ と $H_{/\!/}$ が連続であることになる．単純に考えると，この対応関係は電場 $\boldsymbol{E}$ と磁場 $\boldsymbol{H}$ がよく対応している（E–H 対応の）ように見える．こ

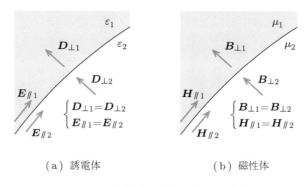

（a）誘電体　　　　　　（b）磁性体

図 8.10　誘電体と磁性体の境界面の条件

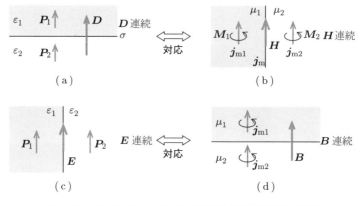

図 8.11　$\boldsymbol{D}$ と $\boldsymbol{H}$，$\boldsymbol{E}$ と $\boldsymbol{B}$ を対応させた境界条件の説明

れに対して，D–H と E–B を対応させた説明を**図 8.11** に示す．境界面の条件を決めるのは，誘電体では分極電荷，磁性体では磁化電流であることに着目しよう．(a) 誘電体の境界面で分極電荷密度 σ は分極ベクトル $\boldsymbol{P}$ が垂直成分をもつとき ($\boldsymbol{P}\cdot\boldsymbol{n}\neq 0$) に現れ，(b) 磁性体の境界面で磁化電流 $\boldsymbol{j}_{\mathrm{m}}(=\boldsymbol{j}_{\mathrm{m1}}-\boldsymbol{j}_{\mathrm{m2}})$ は磁化ベクトル $\boldsymbol{M}$ が平行成分をもつとき ($\boldsymbol{M}\cdot\boldsymbol{t}\neq 0$) に現れる．したがって，境界面に分極電荷と磁化電流が現れるときには，それらの影響を受けない電束密度 $\boldsymbol{D}$ と磁場 $\boldsymbol{H}$ がそれぞれ連続になるはずである．図 (a), (b) の場合は，それぞれ，$D_\perp$ と $H_{/\!/}$ が連続であることを示している．一方，境界面に分極電荷も磁化電流も現れないときには，それらの影響を受ける電場 $\boldsymbol{E}$ と磁束密度 $\boldsymbol{B}$ がそれぞれ連続になるはずである．図 (c), (d) の場合は，それぞれ $E_{/\!/}$ と $B_\perp$ が連続であることを示している．以上の説明から，境界条件は，$\boldsymbol{E}$ と $\boldsymbol{B}$ が対応しているように解釈できる．このような対応関係は，電場と磁場の原因が，それぞれ電荷と電流であることに依拠しているのである．

　次に，**図 8.12** に，自発磁化をもった強磁性体と，その周りの空間の $\boldsymbol{H}$ と $\boldsymbol{B}$ を示す．この図は数値計算により描かれたものであるが，定性的に境界面では上述の境界条件を満たしていることが確認できる．図 (a) では，磁性体の側面で $\boldsymbol{H}$ の接線成分が連続になっていることが磁力線からわかる．一方，図 (b) では，磁性体の磁化の端面で $\boldsymbol{B}$ の法線成分が連続になっていることが磁力線からわかる．境界条件の帰結として，磁性体の内部で $\boldsymbol{H}$ は磁化 $\boldsymbol{M}$ にほぼ反平行なのに対して，$\boldsymbol{B}$ は磁化 $\boldsymbol{M}$ にほぼ平行であり，磁化ベクトル $\boldsymbol{M}$ の方向に沿って磁束密度 $\boldsymbol{B}$ は磁性体を貫いて連続につながっていることが理解できる．

　本書では，E–B 対応による電磁気学の説明を行ってきた．これは，電場と磁場をつくるのはそれぞれ電荷と電流であり，ほかの電荷と電流に力を及ぼすのは電場 $\boldsymbol{E}$ と磁

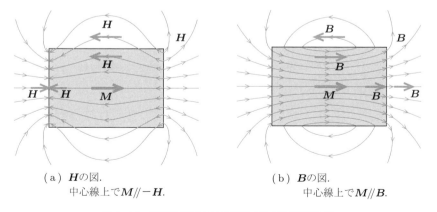

（a）**$\boldsymbol{H}$** の図．
中心線上で **$\boldsymbol{M}/\!/-\boldsymbol{H}$**.

（b）**$\boldsymbol{B}$** の図．
中心線上で **$\boldsymbol{M}/\!/\boldsymbol{B}$**.

図 **8.12**　強磁性体における磁場 **$\boldsymbol{H}$** と磁束密度 **$\boldsymbol{B}$**

束密度 B であるとする考え方である[†1]．しかしながら，上述の境界条件の結果を見ると，電場 E と磁場 H が，電束密度 D と磁束密度 B がそれぞれよく対応している印象も受ける．このことは，E–B 対応も E–H 対応もそれぞれ閉じた理論体系であり，古典電磁気学の範囲では，どちらの立場で議論しても同じ結果が得られるということを示している．現在でも多くの磁性体材料の研究では，磁化電流という概念よりも単磁極のペアのほうが直観的な理解が容易であるという便宜上の理由から，E–H 対応の立場による議論が行われている．

(8.3) 磁気回路

　本節では磁性体内の磁束を求めるための計算手法について解説する．この方法は，数学的な対応関係から，磁性体内の磁束を電気回路の電流のように考えるので，磁気回路の方法とよばれている[†2]．

　一般に，鉄のように透磁率の大きな磁性体に導線を巻いて電流を流すと，磁気的なエネルギーを下げるために，磁束は透磁率の大きい磁性体の内部に集まる傾向がある．いま，図 8.13 のようなドーナツ状の鉄の環に巻かれたコイルを考えよう．磁束の性質をこの環に適用すると，磁束は透磁率の大きい磁性体の環に閉じ込められることになる．もし磁束が環の外に漏れないのであれば，これは定常電流が流れている電気回路と類似していることになる．両者を比較してみよう．はじめに電気回路を考える．電流密度を j，電場を E とすると，定常電流の分布を決める基本方程式は次のように書

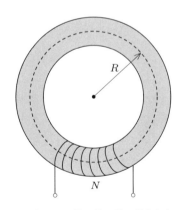

図 8.13　ドーナツ状の鉄の環に巻かれたコイル

[†1] 電流に力を及ぼすのは，正確には，磁束密度 B ではなく，$B - \mu_0 M (= \mu_0 H)$ である．

[†2] 磁気回路の方法は，E–H 対応で確立された計算方法なので，本節だけ E–H 対応による説明となる．ただし，例題の解答には，別解として E–B 対応による解法を併記した．

ける.

$$\nabla \cdot \boldsymbol{j} = 0$$
$$\boldsymbol{j} = \sigma \boldsymbol{E}$$
$$\oint \boldsymbol{E} \cdot \mathrm{d}\boldsymbol{r} = \phi_{\mathrm{e}} \tag{8.34}$$
$$J = \int_S \boldsymbol{j} \cdot \boldsymbol{n} \, \mathrm{d}S$$

ここで，σ は導電率である．第 1 式は，定常電流における電荷保存則を表しており，キルヒホッフの第 1 法則を導くことができる（第 6 章参照）．第 2 式はオームの法則であり，第 3 式と第 4 式の ϕ_{e} と J は，回路の起電力と電流である[†1].

次に，磁束密度を $\boldsymbol{B}$，磁場を $\boldsymbol{H}$ とすると，磁性体内の磁束密度の分布を決める基本方程式は，次のように書ける[†2].

$$\nabla \cdot \boldsymbol{B} = 0$$
$$\boldsymbol{B} = \mu \boldsymbol{H}$$
$$\oint \boldsymbol{H} \cdot \mathrm{d}\boldsymbol{r} = \sum_i N_i I_i \tag{8.35}$$
$$\Phi = \int_S \boldsymbol{B} \cdot \boldsymbol{n} \, \mathrm{d}S$$

ここで，μ は透磁率であり，第 2 式は，磁気回路に用いられる磁性体に対して一般に成り立つ．第 3 式はアンペールの法則で，右辺の N_i と I_i は磁性体に巻き付けられたコイルの巻き数と電流 I_i を表しており，これらの積の和 $\sum_i N_i I_i$ が磁束密度を発生させるので，これを起磁力 V_{m} と定義する[†3]．すなわち，

$$V_{\mathrm{m}} = \sum_i N_i I_i \tag{8.36}$$

であり，最後の式の Φ は磁束である．

これらの式を比べると，$\boldsymbol{j} \leftrightarrow \boldsymbol{B}$, $\boldsymbol{E} \leftrightarrow \boldsymbol{H}$, $\sigma \leftrightarrow \mu$, $\phi_{\mathrm{e}} \leftrightarrow V_{\mathrm{m}}$, $J \leftrightarrow \Phi$ が対応していることに気づく．このように，定常電流の電気回路に対応して，静磁場の磁気回路を考えることができる．すなわち，電気回路で電流が流れるように，磁気回路では透磁率の高い磁性体の内部を仮想的に磁束 Φ が流れると考えるのである．電気回路では，断面積 S の導線の全抵抗 R は，

[†1] 起電力と静電ポテンシャルを区別するために，起電力の記号に添字 e を付けている．起電力と静電ポテンシャルは符号が逆になることに注意する．
[†2] この式の磁束 Φ は，$\Phi = BS$ を一般化した式になっている．詳細は，9.1.2 項参照.
[†3] 起磁力は，本来 E–B 対応では定義できない量であることに注意する.

$$R = \oint \frac{\mathrm{d}r}{\sigma S} \tag{8.37}$$

と計算できるので，それと同様に次のように磁気抵抗 $\Re$ を定義する．

$$\Re = \oint \frac{\mathrm{d}r}{\mu S} \tag{8.38}$$

　これで電気回路と磁気回路の対応関係が明らかになったので，最初に示した図 8.13 のようなドーナツ型のコイルを考えよう．半径 R，断面積 S のドーナツ状の鉄の環に，表面が絶縁された導線が N 回巻いてあるとする．鉄の透磁率を μ とする．式 (8.36) の起磁力 V_{m} は，

$$V_{\mathrm{m}} = NI \tag{8.39}$$

であり，磁気抵抗 $\Re$ は，式 (8.38) から，

$$\Re = \frac{2\pi R}{\mu S} \tag{8.40}$$

となる．したがって，磁束 Φ は，$I = \phi_{\mathrm{e}}/R$ と同様に，

$$\Phi = \frac{V_{\mathrm{m}}}{\Re} = \frac{\mu NSI}{2\pi R} \tag{8.41}$$

と書ける．

例題 8.3　　**図 8.14** のような狭い隙間のあるドーナツ状の鉄の周りに，巻き数 N のコイルが巻き付けてある．鉄の断面積を S，ドーナツの形状に沿った鉄芯の長さを L，隙間の間隔を l，鉄の透磁率を $\mu(= \mu_0 \mu_{\mathrm{r}})$ とする．μ_{r} は鉄の比透磁率である．コイルに電流 I を流すとき，発生する磁束 Φ を求めよ．

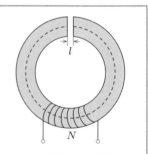

図 8.14　隙間のある鉄の環に巻かれたコイル

解答　鉄と隙間の磁気抵抗を，それぞれ $\Re_{\mathrm{i}}$ と $\Re_{\mathrm{g}}$ とすると，

$$\Re_{\mathrm{i}} = \frac{L}{\mu S}, \quad \Re_{\mathrm{g}} = \frac{l}{\mu_0 S}$$

となる．鉄と隙間は直列につながっているので，全磁気抵抗 $\Re$ は，

$$\Re = \Re_{\mathrm{i}} + \Re_{\mathrm{g}} = \frac{L}{\mu S} + \frac{l}{\mu_0 S}$$

となる．起磁力は NI なので，磁束 Φ は，

$$\Phi = \frac{\mu_0 \mu_\mathrm{r} S}{L + \mu_\mathrm{r} l} NI$$

で与えられる.

別解　前節で説明した磁性体の境界面の境界条件を使った解法を考えよう.

　磁束密度 B が鉄の環の断面に垂直で一様に存在すると考えると,式 (8.30) の境界条件から,隙間の中でも磁束密度の値 B は同じになる.そのとき,鉄と隙間における磁場をそれぞれ H_1 と H_2 とすると,

$$H_1 = \frac{1}{\mu_0 \mu_\mathrm{r}} B, \quad H_2 = \frac{1}{\mu_0} B$$

と書ける.図 8.14 のように,コイルの中心を通る円形の閉曲線にアンペールの法則を適用する.

$$H_1 L + H_2 l = NI$$

これらから,磁束密度 B と磁束 Φ は,

$$B = \frac{\mu_0 \mu_\mathrm{r}}{L + \mu_\mathrm{r} l} NI, \quad \Phi = \frac{\mu_0 \mu_\mathrm{r} S}{L + \mu_\mathrm{r} l} NI$$

と表される.

　簡単な場合には,磁気回路の考え方を使わなくても,E–B 対応の範囲内で境界条件を駆使して磁場や磁束を決定できることがわかる.

　電気回路では,複雑な回路であってもキルヒホッフの第 1 法則と第 2 法則から,未知数の分だけ方程式を立てて連立させると回路上の任意場所の電流と電圧を決めることができた.この磁気回路の考え方を発展させると,任意の磁気回路に適用可能である.この方法については他書にゆずることにする.

演習問題

8.1　図 **8.15** のように,半径 a の十分に長い円筒形の導体棒と,内半径 b の導体管が同軸の空洞をつくっている.空洞内部には磁性絶縁体が詰め込まれていて,その透磁率 μ は,

$$\mu(r) = \begin{cases} \mu_1 & (a \leq r < c) \\ \mu_2 & (c \leq r < b) \end{cases}$$

とする.ただし,$a < c < b$ とする.いま,軸方向を z 軸にとる.同軸の内外の金属には,$\pm z$ 方向に大きさ I の電流が流れている.磁性絶縁体の磁場 $H(r)$ と磁束密度 $B(r)$ を求めよ.

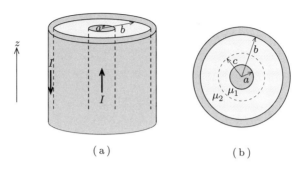

(a)   (b)

図 8.15   同軸の導体管と磁性絶縁体

8.2   十分に長いソレノイドコイル（断面の半径 a，長さ l，単位長さあたりの巻数 n）の内外の磁束密度 $B(r)$ を求めよ．次に，コイルの中に透磁率 μ の磁性絶縁体の円柱を挿入したとき，コイルの内部の磁場 $H(r)$ と磁束密度 $B(r)$ を求めよ．

8.3   磁気モーメント $\boldsymbol{m}_1$ と $\boldsymbol{m}_2$ の小さな回転電流が $\boldsymbol{r}$ だけ離れて存在する．$\boldsymbol{m}_1$ と $\boldsymbol{m}_2$ と $\boldsymbol{r}$ がたがいに平行で同一直線状にある場合と，$\boldsymbol{m}_1$ と $\boldsymbol{m}_2$ が平行で，$\boldsymbol{r}$ とは垂直な場合の相互作用のエネルギーをそれぞれ求めよ．ただし，磁束密度 $\boldsymbol{B}$ 中の磁気モーメント $\boldsymbol{m}$ のエネルギー U は，$U = -\boldsymbol{m} \cdot \boldsymbol{B}$ で与えられるとする．

8.4   **図 8.16** のように，透磁率 μ_1 と μ_2 の 2 種類の金属でできた半径 a の環に，表面を絶縁された導線が N 回巻かれている．このコイルに電流 I を流すとき，この金属の内部の磁束密度 B の大きさを求めよ．

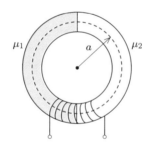

図 8.16   2 種類の磁性体でできた環

8.5   **図 8.17** に示すように，有限の厚さで無限に広い磁性体に一様に自発磁化 $\boldsymbol{M}$ が存在するとする．この磁性体の外部と内部の磁場 $\boldsymbol{H}$ と磁束密度 $\boldsymbol{B}$ を図示せよ．

図 8.17   無限に広い強磁性体の板

9

電磁誘導

本章では，ファラデーが発見した電磁誘導の法則について解説し，それを応用したトランス（変圧器）の基礎になる自己インダクタンスと相互インダクタンスについて学ぶ．最後に，静磁場のエネルギー密度を導出する．

9.1 ファラデーの発見

9.1.1 ファラデー

電磁誘導の法則の発見者の 1 人[†1] であるファラデーは，特異な出自をもち，人類史もっとも多くの業績を上げた実験家の 1 人である．さらに，電磁気学の完成にきわめて大きな貢献をした人物であるので，本節ではファラデーの紹介から始める[†2]．

1791 年にロンドンの郊外で生まれたマイケル・ファラデー (M. Faraday) は，家が貧しかったので十分な教育を受けることができず，14 歳のときから製本職人のところで年季奉公を始めた．製本の仕事の合間に製本用のブリタニカ百科事典を読んで，自然科学を独学で勉強するうちに，自分でも研究をしたいと強く感じるようになった．21 歳になり，後数か月で製本屋の職人になれるところまできたとき，ファラデーはすべてを投げうって，王立研究所の化学助手として雇われることになる．助手といっても研究職ではなく，給料は安く，掃除や装置の移動，器具の洗浄といった単純な仕事が中心であった．このような環境のなかで，ファラデーは少しずつ自分の研究を進めて行き，物理学と化学の分野で多くの研究成果をあげていったのである．

ファラデーの業績は，ざっと挙げるだけでも，塩素の液化，ベンゼンの発見，電気分解に関する法則の発見，電場と磁場の近接作用論の提案，電磁誘導の発見，反磁性の発見，ファラデー効果の発見と，自然科学の歴史を変えるような大きなものばかりである．アインシュタインの研究室には，ファラデーの肖像画が掛かっていたという話も残っている．人類最高の理論物理学者は，人類最高の実験物理学者であるファラ

[†1] 電磁誘導の法則は，1831 年にファラデーによって発見されたとされているが，ほぼ同時期にヘンリー (J. Henry) によっても発見されていたようである．

[†2] ファラデーの生涯については，以下の本に詳しく書かれている．
スーチン 著，小出昭一郎・田村保子 訳『ファラデーの生涯』東京図書．

デーを尊敬していたということであろうか.

　ファラデーの業績のなかでもっとも重要なものは, 電場と磁場の近接作用論の提案と, 本章で説明する電磁誘導の法則である. これらの概念は, 後に電磁波の発見につながっていくことになる（第 11 章のコラム参照）.

　電磁誘導の法則が発見されるより前は, 電気と磁気の現象はまったく別の物理現象であると考えられていて, それぞれ電気学と磁気学として, 別々に研究されていた. ファラデーは, この電気と磁気を結び付ける法則を発見したのである. この発見は, 当時としては電気と磁気の統一理論という意味で大きなインパクトがあったのではないかと思われる. 以下では, このファラデーが発見した電磁誘導の法則について説明する.

9.1.2　ファラデーの法則

　ファラデーは 1831 年に, 磁場が時間変動すると起電力が発生して電流が流れることを発見した. この事実は, 電気現象と磁気現象の密接な関連を示すものである. 彼の見つけた磁場の時間変動と起電力の関係は, 以下のとおりである.

　いま, **図 9.1** に示すような平面上の閉回路を考える. 閉回路の面積を S とし, 磁束密度 B がその回路を貫くとき, 磁束 (magnetic flux) Φ を次のように定義する.

$$\Phi = BS \tag{9.1}$$

ここで, 図のような閉曲線を含む平面に垂直な方向を考えて, この閉曲線に沿って 1 周するとき, この回転で右ネジが進む方向を正の方向と約束する. そうすると, この経路によって決められる正の方向と磁束密度が平行なら磁束 Φ の符号は正となり, 反平行なら Φ は負となる. ファラデーは, 磁束 Φ が時間変化するとき, 回路にはその磁束の変化を打ち消すように起電力 (electromotive force) ϕ_{em} が生じることを発見し

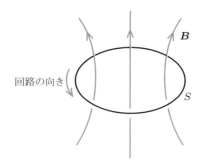

図 9.1　閉回路を貫く磁束密度

た. すなわち,

$$\phi_{\mathrm{em}} = -\frac{\mathrm{d}\Phi}{\mathrm{d}t} \tag{9.2}$$

であり, これがファラデーの電磁誘導の法則 (law of electromagnetic induction) である†.

　回路が1つの平面上になく, 磁束密度も場所に依存する場合, 回路を貫く磁束 Φ は, 以下のように定義される.

$$\Phi = \int_S \boldsymbol{B}(\boldsymbol{r}) \cdot \boldsymbol{n}(\boldsymbol{r})\,\mathrm{d}S \tag{9.3}$$

ここで, $\boldsymbol{n}$ は考えている点で曲面に引いた単位法線ベクトルであり, 向きは, 式 (9.1) のところで約束したように, 経路によって決められる. このように磁束を定義すると, 任意の回路に対して磁束が定義できることになる.

(9.2) ファラデーの電磁誘導の法則の一般化

　ファラデーの電磁誘導の法則は, 電磁気学の基本法則の1つである. したがって, これまでに説明したようなマックスウェル方程式の形式に書き換える必要がある. 本節では, ファラデーの法則の一般化について解説する.

　前節で, 磁束が変化すると, その変化を打ち消すような起電力 ϕ_{em} が発生することを説明した. ここで起電力とは, 式 (9.3) で磁束 Φ を計算する領域の外形に沿って導線を置いたとき, その導線に沿って生じる起電力を意味する. この導線の端に検流計を付けておけば電流が流れるので, 実験的にも確認できる. したがって,

$$\phi_{\mathrm{em}} = \oint_C \boldsymbol{E}(\boldsymbol{r}, t) \cdot \mathrm{d}\boldsymbol{r} \tag{9.4}$$

と書ける (**図 9.2** 参照). 積分経路 C は, 磁束 Φ を求めるときの積分領域の外形に沿って置かれた導線上の経路であり, 起電力は時間の関数でもあるので, 電場を座標と時間の関数で表している.

　第2章で, 電場と磁場は近接作用の立場で説明するべきということを述べた. この立場に立てば, 積分経路上に導線がなくても, 電場は空間の任意の点で定義できて, 任意の点で起電力は発生していると考えるべきである. 実際に, 導線の有無にかかわらず, 式 (9.4) の起電力は発生することが知られている. したがって, 式 (9.4) の積分経路は, 導線の有無に関係なく任意に取ることができると考えてよいと結論できる.

---

† 静電ポテンシャル ϕ と起電力を区別するために, 電磁誘導による起電力 ϕ_{em} には添字 em を付けることにする. 起電力とポテンシャルは, 符号が逆になるので注意.

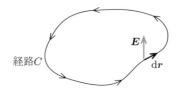

図 9.2　経路 C に沿っての電場の線積分

以上をまとめると，式 (9.3) と式 (9.4) から，ファラデーの電磁誘導の法則は，積分形式で以下のように書くことができる．

$$\oint_C \boldsymbol{E}(\boldsymbol{r},t) \cdot \mathrm{d}\boldsymbol{r} = -\frac{\partial}{\partial t} \int_S \boldsymbol{B}(\boldsymbol{r}) \cdot \boldsymbol{n}(\boldsymbol{r}) \, \mathrm{d}S \tag{9.5}$$

これは，マックスウェル方程式の 1 つである．

　ここで，この電磁誘導の法則と第 3 章で説明した渦なしの条件の関係について考えてみよう．渦なしの条件は，

$$\oint_C \boldsymbol{E}(\boldsymbol{r},t) \cdot \mathrm{d}\boldsymbol{r} = 0 \tag{9.6}$$

で与えられる．この条件が成り立つとき，電場が保存力場となり，静電ポテンシャルを定義することができた（第 3 章参照）．しかしながら，式 (9.5) で書かれる電磁誘導の法則は，この条件が成り立っていない．$\boldsymbol{B}$ が時間変化する場合には，電磁誘導によって発生した起電力の分も考慮しないとエネルギーが保存しないことを示している．

　次に，ファラデーの法則を微分形式に書き換えよう．第 1 章で説明したストークスの定理を使用する．

$$\oint_C \boldsymbol{E} \cdot \mathrm{d}\boldsymbol{r} = \int_S (\nabla \times \boldsymbol{E}) \cdot \boldsymbol{n} \, \mathrm{d}S \tag{9.7}$$

電磁誘導の法則 (9.5) にこの定理を使って，両辺を面積積分に書き換えると，

$$\int_S \left(\nabla \times \boldsymbol{E} + \frac{\partial \boldsymbol{B}}{\partial t} \right) \cdot \boldsymbol{n} \, \mathrm{d}S = 0 \tag{9.8}$$

となる．任意の積分領域で積分がゼロになるためには，被積分関数がゼロにならなくてはいけないので，

$$\nabla \times \boldsymbol{E}(\boldsymbol{r},t) = -\frac{\partial \boldsymbol{B}(\boldsymbol{r},t)}{\partial t} \tag{9.9}$$

が得られる．これが微分形式で書かれたファラデーの電磁誘導の法則である．

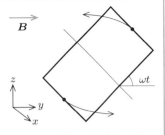

例題 9.1　図 **9.3** に示すような 1 重巻きコイルを一様な磁束密度 B の中で回転させる．コイルの一部を切ったとき，その両端の起電力を求めよ．ただし，回転軸は磁場と垂直で，コイルの面積を S，回転の角速度を ω，$t = 0$ での起電力 ϕ_{em} は $-BS\omega$ とする．

図 **9.3**　一様な磁束密度の中で回転するコイル

解答　$t = 0$ のときのコイルの角度を α とすると，コイルを貫く磁束 Φ は，

$$\Phi = BS \sin(\omega t + \alpha)$$

となる．ファラデーの法則から，

$$\phi_{\text{em}} = -\frac{d\Phi}{dt} = -BS\omega \cos(\omega t + \alpha)$$

であり，初期条件 $\phi_{\text{em}}(t = 0) = -BS\omega$ より，$\alpha = 0$ である．したがって，

$$\phi_{\text{em}} = -BS\omega \cos \omega t$$

となる．

9.3　自己インダクタンスと相互インダクタンス

9.3.1　自己インダクタンス

本節では，コイルに交流電流を流したときの現象について考える．最初に，コイルの自己インダクタンスを定義しよう．コイルに電流 I を流すと，コイル内には磁束密度によって磁束 Φ が生じる．電流がそれほど大きくない場合には，磁束は電流に比例するはずである．この磁束と電流の比例定数を自己インダクタンス (self-inductance) L とよぶ．すなわち，

$$\Phi = LI \tag{9.10}$$

となる．L の単位は [H]（ヘンリー）または [Wb/A] である．電流が時間によって変化するとき，電流の変化が速くなければ，磁束もそれに合わせて変化する．このような挙動は，コンデンサーのときもそうであったように，交流回路のなかで考えるほうが便利である．そのために，式 (9.10) を電流と電圧の関係で表したい．ファラデーの電磁誘導の法則 (9.2) を用いると，

が得られる．この起電力は，電流が増加するときに，それを減らす向きにはたらくことになる．この現象は自己誘導 (self-induction) とよばれている．一般に，起電力と静電ポテンシャル（電気回路では電圧降下）は大きさが等しく符号が逆になっている．したがって，回路中のコイルによる電圧降下が V と考えると，

$$V(t) = L\frac{\mathrm{d}I(t)}{\mathrm{d}t} \tag{9.12}$$

と表すこともできる．

例題 9.2　図 **9.4** のようなソレノイドコイルを考える．円筒方向の長さを l，断面積を S，単位長さあたりの巻き数が n とする $(l^2 \gg S)$．このコイルの自己インダクタンス L を求めよ．

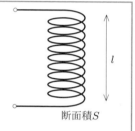

図 9.4　ソレノイドコイル

断面積 S

解答　例題 7.8 で説明したように，コイルに定常電流 I を流すと，コイルの内部には，一様な磁束密度 B が現れる．

$$B = \mu_0 n I$$

このコイルを貫く磁束は，

$$\Phi = nlBS = \mu_0 n^2 lSI$$

と与えられるので，自己インダクタンス L は，

$$L = \mu_0 n^2 lS$$

となる．

例題 9.3　断面の半径 $1\,\mathrm{cm}$，長さ $10\,\mathrm{cm}$，5000 回巻きソレノイドコイルの自己インダクタンスを計算せよ．ただし，$\mu_0 = 1.26 \times 10^{-6}\,\mathrm{H/m}$ とする．

解答　例題 9.2 の自己インダクタンス $L = \mu_0 n^2 lS$ に数値を代入する．

$$L = 1.26 \times 10^{-6} \times \frac{5000^2}{0.1^2} \times 0.1 \times 3.14 \times 0.01^2 = 0.099\,\mathrm{H}$$

9.3.2 相互インダクタンス

図 **9.5** のように，2つの回路 (1, 2) を並べて電流を流すとき，たがいの回路に及ぼす影響を考えよう．いま，回路1に電流 I_1 を流したとする．この電流によって回路1は磁束 Φ_1 を発生する．このとき，回路1の自己インダクタンスを L_{11} と書くと，

$$\Phi_1 = L_{11}I_1 \tag{9.13}$$

と書ける．同様のことを回路2について考えると，

$$\Phi_2 = L_{22}I_2 \tag{9.14}$$

となる．

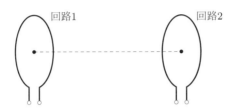

図 9.5 2つの1重巻きコイル

次に，回路1の電流 I_1 で発生した磁束密度の一部が回路2を貫いたとする．このときの磁束が Φ_2 であったとすると，

$$\Phi_2 = L_{21}I_1 \tag{9.15}$$

と書ける．このように考えると，2つの回路に流れる電流と磁束は線形関係で表現できて，

$$\begin{pmatrix} \Phi_1 \\ \Phi_2 \end{pmatrix} = \begin{pmatrix} L_{11} & L_{12} \\ L_{21} & L_{22} \end{pmatrix} \begin{pmatrix} I_1 \\ I_2 \end{pmatrix} \tag{9.16}$$

と書けるであろう．この非対角成分の係数 L_{12} と L_{21} を相互インダクタンス (mutual inductance) という．さらに，オンサーガーの相反定理 (reciprocity theorem) から，エネルギー保存則が成り立つためには，

$$L_{12} = L_{21} \tag{9.17}$$

が成り立たなくてはいけないことが知られている．

例題 9.4 　図 **9.6** のような 2 重コイルを考える．内部と
外部のコイルをそれぞれコイル 1, 2 とし，単位長さあたり
の巻き数を n_1, n_2，長さを l_1, l_2，断面積を S_1, S_2 とす
る．コイル 1 と 2 の自己インダクタンス L_1, L_2 と相互イ
ンダクタンス M を求めよ．

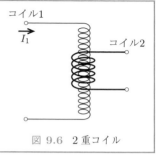

図 9.6　2 重コイル

解答　断面積の小さなコイル 1 に電流 I_1 を流したときのコイルの内部に生じる磁束 Φ_1 は，
例題 9.2 と同様に，

$$\Phi_1 = \mu_0 n_1^2 l_1 S_1 I_1$$

となり，コイル 1 の自己インダクタンスは，

$$L_1 = \mu_0 n_1^2 l_1 S_1$$

となる．同様に，コイル 2 の自己インダクタンスは，

$$L_2 = \mu_0 n_2^2 l_2 S_2$$

となる．

　一方，断面積の小さなコイル 1 に電流 I_1 を流したときのコイルの内部に生じる磁束密度
は $B = \mu_0 n_1 I_1$ であり，断面積の大きなコイル 2 を貫く磁束は，$\Phi_2 = n_2 l_2 B S_1$ となる．
したがって，Φ_2 は次のように求められる．

$$\Phi_2 = n_2 l_2 B S_1 = \mu_0 n_1 n_2 l_2 S_1 I_1$$

相互インダクタンス M の定義は $\Phi_2 = M I_1$ なので，

$$M = \mu_0 n_1 n_2 l_2 S_1$$

となる．

例題 9.5 　例題 9.4 で求められた自己インダクタンス L_1 と相互インダクタンス M を用
いて，コイル 1 に交流の電位差 V_1 を与えて電流を流したとき，コイル 2 に生じる起電力
V_2 を求めよ．また，$l_1 = l_2$, $S_1 = S_2$ とすると，V_1 と V_2 の比がコイルの巻き数の比で
決められることを示せ．

解答　自己誘導の関係式 (9.12) を用いると，コイル 1 に与える電位差 V_1 は，

$$V_1 = L_1 \frac{dI_1}{dt}$$

となる．一方，コイル 2 に発生する起電力 V_2 は，

$$V_2 = -M \frac{dI_1}{dt}$$

である．両式から，次式が成り立つ．

$$V_2 = -\frac{M}{L_1} V_1$$

次に，例題 9.4 で得られた L_1 と M に条件 $l_1 = l_2, S_1 = S_2$ を適用すると，

$$V_2 = -\frac{n_2}{n_1} V_1$$

であることがわかる．

以上のことから，電圧の比が巻き数の比で与えられることがわかる．

(9.4) 静磁場のエネルギー密度

5.4 節では，電場のない空間に静電場をつくるのに必要なエネルギーを静電場のエネルギーと考えて，静電場のエネルギーを導出した．このとき，平行板コンデンサーを一様な電場をつくる装置として扱った．本節では，ソレノイドコイルを一様な磁場をつくる装置と考えて，静磁場自身がもつエネルギーを導出することにする．最初に，ソレノイドコイルの中に一様な磁束密度を発生させるのに必要な仕事を求める．

コイルの円筒方向の長さを l，断面積を S（$l^2 \gg S$ とする），単位長さあたりの巻き数を n とする．前節で説明したように，コイルのインダクタンスは，

$$L = \mu_0 n^2 l S \tag{9.18}$$

で与えられる．このコイルにゼロからある値まで電流を流そうとすると，電流が増加するときに，コイルには電流の増加を妨げる向きに誘導起電力が生じることになる．コイルに電流を流してコイル内に磁場をつくるには，この誘導起電力に抗して外部から電圧 V を印加する必要がある．コイルの巻き線の電気抵抗を無視できるとすれば，電圧 V は，

$$V(t) = L \frac{dI(t)}{dt} \tag{9.19}$$

で与えられる．いま，コイル内に一様な磁束密度 B を発生させるために，コイルに流れる電流をゼロから I まで時間 t_1 で増加させたとする．そのときにコイルになされる仕事は，コイルの内部の空間に蓄えられるエネルギー U に等しいので，

$$U = \int_0^{t_1} V(t) I(t) dt = L \int_0^{t_1} \frac{dI(t)}{dt} I(t) dt \tag{9.20}$$

となる．ここで

$$\frac{\mathrm{d}\{I(t)\}^2}{\mathrm{d}t} = 2I(t)\frac{\mathrm{d}I(t)}{\mathrm{d}t} \tag{9.21}$$

なる関係式を式 (9.20) に代入すると,

$$U = \frac{L}{2}\int_0^{t_1}\frac{\mathrm{d}\{I(t)\}^2}{\mathrm{d}t}\mathrm{d}t = \frac{1}{2}LI^2 \tag{9.22}$$

が得られる. これがソレノイドコイルの内部に一様な磁束密度をつくるのに必要なエネルギー U である.

このエネルギー U は,例題 9.2 より $L = \mu_0 n^2 lS$,コイルの体積を $v = lS$ とすると,

$$U = \frac{1}{2}\mu_0 n^2 I^2 v \tag{9.23}$$

となる. 例題 7.8 で示したように,ソレノイドコイル内の磁束密度 B は,$B = \mu_0 nI$ であるので,

$$U = \frac{1}{2\mu_0}|\boldsymbol{B}|^2 v \tag{9.24}$$

と書ける. これだけのエネルギーがソレノイド内部の空間に磁束密度のエネルギーとして蓄えられていると考えることができる. したがって,透磁率 $\mu = \mu_0\mu_r$ をもつ一般的な物質を考えると,単位体積あたりの静磁場のエネルギー u_m は,

$$u_m = \frac{1}{2\mu_0\mu_r}|\boldsymbol{B}|^2 = \frac{1}{2}\boldsymbol{B}\cdot\boldsymbol{H} \tag{9.25}$$

であることがわかる.

以上より,静電場と静磁場のエネルギー密度 u は,

$$u = \frac{1}{2}(\boldsymbol{B}\cdot\boldsymbol{H} + \boldsymbol{E}\cdot\boldsymbol{D}) = \frac{1}{2\mu_0\mu_r}|\boldsymbol{B}|^2 + \frac{\varepsilon_0\varepsilon_r}{2}|\boldsymbol{E}|^2 \tag{9.26}$$

で与えられる.

演習問題

9.1　まっすぐに張った導線に電流 I を流す. 導線を含む面内に面積 S の小さな 1 重巻きコイルを置き,一定の速さ v で導線から遠ざける. 導線からコイルの中心までの距離が r のとき,コイルに生じる起電力を求めよ.

9.2　十分に長い直線状導体と半径 a の円形の 1 重巻きコイルがある. これらは同一平面上にあり,コイルの中心は,直線状導体から距離 d $(d > a)$ とする. 両者の間の相互インダクタンスを求めよ.

9.3　長さ l,断面積 S,単位長さあたりの巻き数 n のソレノイドコイルに電流 I を流す. 蓄えられる磁場のエネルギー U を求めよ.

9.4　2つのコイルがあり，自己インダクタンスが L_1, L_2，相互インダクタンスが M とする．それぞれのコイルに電流 I_1, I_2 を流すとき，電流によってつくられる磁場のエネルギー U を求めよ．ただし，コイルの抵抗は無視できるとする．

○─◎　コラム 3：ベクトルポテンシャル A と磁束密度 B　◎─○

　　電磁場の基礎方程式（マックスウェル方程式）は，本来，電場 E と磁束密度 B だけで記述できるもので，スカラーポテンシャル ϕ やベクトルポテンシャル A を用いる必要はない．しかし，場合によっては，ポテンシャル (ϕ, A) を用いると問題を容易に解くことができる．このような実用的な理由から，本書でもポテンシャル (ϕ, A) を説明したわけである．一般に，(E, B) は力であり，(ϕ, A) は力の積分なので，(ϕ, A) には積分定数の分だけ任意性がある．この積分定数に物理的意味はあるのだろうか？

　　もし積分定数に意味があれば，ポテンシャル (ϕ, A) は (E, B) より重要な量と考えなければいけないし，もしなければ (ϕ, A) は問題を簡単に解くための単なる数学上のテクニックということになるだろう．たとえば，速度 v で運動する荷電粒子（電荷 q）にはたらくローレンツ力 F は，

$$F = q v \times B$$

で与えられ，A には依存しない．このため長い間，A は物理的に意味のある場ではないと信じられてきた．

　　しかし，1959 年にアハラノフ（Y. Aharonov）とボーム（D. J. Bohm）は，「量子論では，電磁ポテンシャルは基礎方程式から取り除くことのできない基本的な物理量である」という論文を発表して，同時に，このことを実証する実験を提案した．この実験では，2 本のスリットによる電子線の干渉において，スリットの間に小さなソレノイドコイルを置く．ソレノイドコイルの外部では，B がゼロであっても A がゼロではないので，A が直接電子に作用すれば，干渉縞にずれが現れるというものである．これをアハラノフ−ボーム（AB）効果という．この問題に対して，実験的に決着を付けたのは，日立製作所中央研究所の外村 彰博士（2012 年没）である．1986 年のことであった．この発見が報道されたのは私が学部生のときのことで，新聞の一面にも載っていたことを覚えている．この実験により，量子論では，ポテンシャルが単なる数学的に便利な仮想的な概念ではなく，電子の波動関数の位相に影響を与える物理量であることが示された．

10 変位電流とマックスウェル方程式

本章では，最初に変位電流について解説する．変位電流を導入すると，電磁場の基本法則であるマックスウェル方程式が完成する．次に，このマックスウェル方程式について解説し，電場と磁場の時間変化を考慮した電磁場のエネルギー保存則について考える．最後に，電磁ポテンシャルについても触れる．

⑽.1 変位電流

10.1.1 アンペールの法則と電荷保存則

本項では，電荷保存則が成り立つための条件から，変位電流の必要性を検討しよう．

電荷が保存量であるための条件は，電荷密度 $\rho\,[\mathrm{C/m^3}]$ と電流密度 $\boldsymbol{j}\,[\mathrm{A/m^2}]$ が連続の式を満たすことである．すでに第 6 章で説明したので結果だけを書くと，

$$\frac{\partial \rho(\boldsymbol{r}, t)}{\partial t} + \nabla \cdot \boldsymbol{j}(\boldsymbol{r}, t) = 0 \tag{10.1}$$

である．これが満たされていなければ，電荷が保存量であるということは保証されなくなる．逆に，もし静的なマックスウェル方程式から電荷保存則が導出できないのであれば，動的なマックスウェル方程式に移行するときに，加えなければいけない項を予見できるはずである．本項ではこのような方針で議論を進めてみる．

最初に，電磁気学の基本方程式の 1 つであるアンペールの法則について考える．第 7 章で説明したように，アンペールの法則を微分形式で表現すると次式のようになる．

$$\nabla \times \boldsymbol{B}(\boldsymbol{r}) = \mu_0 \boldsymbol{j}(\boldsymbol{r}) \tag{10.2}$$

この式の両辺の発散をとろう．

$$\nabla \cdot \{\nabla \times \boldsymbol{B}(\boldsymbol{r})\} = \mu_0 \nabla \cdot \boldsymbol{j}(\boldsymbol{r}) \tag{10.3}$$

例題 7.10 で示したように，任意のベクトルの回転の発散はゼロである．すなわち，この式の左辺は恒等的にゼロになる．したがって，

$$\nabla \cdot \boldsymbol{j}(\boldsymbol{r}) = 0 \tag{10.4}$$

が得られる．この結果から，アンペールの法則は，このままでは電荷保存則を満たし

ていないことがわかる.

第7章で説明したアンペールの法則は,定常電流と静磁場に関する法則として導かれたもので,電場や磁場の変動は考えていなかった.したがって,アンペールの法則を動的な方程式に移行するときに,電荷保存則と矛盾しないような形式に修正するためには,電場か磁場が時間変動する場合を想定する必要があることがわかる.実際に,式 (10.4) に足りないのは,電荷密度の時間微分の項である.

一方,定常電流しか考えないのであれば,式 (10.1) の時間微分項がゼロになり,式 (10.4) と一致し,静的な範囲で電荷が保存していることがわかる.これがいわゆるキルヒホッフの第一法則である(6.2 節参照).

第2章で説明したガウスの法則は,静電場について導かれた法則であった.いま,時間変動する電場と電荷密度に対してもこの法則が有効であると仮定する.

$$\nabla \cdot \boldsymbol{E}(\boldsymbol{r}, t) = \frac{\rho(\boldsymbol{r}, t)}{\varepsilon_0} \tag{10.5}$$

この式を用いると,上の議論を逆算して,電荷保存則が成り立つようにアンペールの法則を修正するには,アンペールの法則の右辺に $\mu_0 \varepsilon_0 E$ の時間微分を加えればよいことがわかる.すなわち,

$$\nabla \times \boldsymbol{B}(\boldsymbol{r}, t) = \mu_0 \boldsymbol{j}(\boldsymbol{r}, t) + \mu_0 \varepsilon_0 \frac{\partial \boldsymbol{E}(\boldsymbol{r}, t)}{\partial t} \tag{10.6}$$

となる.実際に,上と同じように,この式の両辺の発散をとってまとめると,以下の連続の式が得られる.

$$\frac{\partial \rho(\boldsymbol{r}, t)}{\partial t} + \nabla \cdot \boldsymbol{j}(\boldsymbol{r}, t) = 0 \tag{10.7}$$

この式は確かに電荷保存則である.このように,式 (10.6) の右辺第2項の $\varepsilon_0 \partial \boldsymbol{E}/\partial t$ の存在は,もっともらしいことがわかる.この項は,電場が時間変化すると電流密度のように振る舞うことから,変位電流密度 (displacement current density) とよばれている.この変位電流もふつうの電流と同じように磁束密度の場を発生するが,変位電流は具体的に真電荷の移動に伴って発生する電流ではないので,特別に「変位」という名称が付けられている.

この変位電流という概念は,マックスウェルが,電磁場に関する第3論文「電磁場の動力学的理論」ではじめて導入し,著書『電気磁気論』にも記したものである.この変位電流の導入によってマックスウェルの方程式は完成し,そこから電磁波や光速度が導かれることになったのである.

10.1.2　変位電流

前項では，電荷保存則が成り立つように，つじつまを合わせて変位電流を導入した．本項では，コンデンサー回路を用いた思考実験から，変位電流を導いてみよう．

図 10.1 に示すような平行板コンデンサーを含む回路を考える．電極面積が S で電極間隔が d であるとする．スイッチを閉じたときに電流が一気に流れないように，抵抗がつないである．最初スイッチが開いていて，コンデンサーの電極には，電荷 Q_0 が帯電しているとする．スイッチを閉じると，コンデンサーの電極の電荷 $Q(t)$ が導線を伝わって放電される．このときの電流 $I(t)$ は，

$$I(t) = \frac{\mathrm{d}Q(t)}{\mathrm{d}t} \tag{10.8}$$

と書ける．コンデンサーの片方の電極を含む領域にガウスの法則を適用すると，

$$E(t) = \frac{Q(t)}{\varepsilon_0 S} \tag{10.9}$$

となる．したがって，

$$\varepsilon_0 \frac{\mathrm{d}E(t)}{\mathrm{d}t} = \frac{I(t)}{S} \tag{10.10}$$

が得られる．

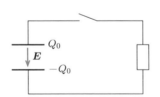

図 10.1　平行板コンデンサーを含む回路

コンデンサーの外部の回路に電流 I が流れたとすると，電流の連続性から，コンデンサーの内部の空間にも同等の変化が生じていなければいけない．この式 (10.10) は，コンデンサーの内部に電流密度 I/S と同等のはたらきが起こっていて，その大きさが $\varepsilon_0 \mathrm{d}E/\mathrm{d}t$ で与えられることを示している．コンデンサーの内部では，電場が時間変化すると，それに比例して電流が流れたことと同じ作用が起こるのである．式 (10.10) の左辺の量を変位電流密度 (displacement current density) とよぶ．

ここで，図 10.1 の回路で電流の向きについて確認しておこう．回路を流れる実電流 I は回路を時計回りに進む向きになる[†]．コンデンサー内部の電場は下向きであり，スイッチを入れたとき $\mathrm{d}E/\mathrm{d}t < 0$ となることから，変位電流はコンデンサー内部で上向

[†]　変位電流に対する言葉として，真電流のことを実電流とよぶことがある．

きになる．したがって，実電流と変位電流の向きは同じであることがわかる．このように両者の連続性が保たれているのである．

この変位電流密度をアンペールの法則に加えると，

$$\nabla \times \boldsymbol{B}(\boldsymbol{r}, t) = \mu_0 \boldsymbol{j}(\boldsymbol{r}, t) + \mu_0 \varepsilon_0 \frac{\partial \boldsymbol{E}(\boldsymbol{r}, t)}{\partial t} \tag{10.11}$$

となって，式 (10.6) と一致する．このように書けるということは，変位電流密度もアンペールの法則に従って磁場をつくるということである（例題 10.1 参照）．

本章までに説明したガウスの法則，アンペールの法則，ファラデーの電磁誘導の法則については，すべて実験事実に基づいて，電磁場の基本法則として定式化されたものであった．それに対して，本章で扱っている変位電流は，理論の整合性という観点から，マックスウェルによって理論的に提案された概念である．このようなことから，式 (10.11) の法則はアンペール－マックスウェルの方程式 (Ampère-Maxwell equation) とよばれることもある．この変位電流の導入によって，1865 年に電磁波の存在が予言され，この電磁波は 1888 年にヘルツ (H. R. Hertz) によって実験的に確認された．

例題 10.1　**図 10.2** に示すような回路の円形の電極の平行板コンデンサーを充電し，時刻 $t = 0$ でスイッチをつないで放電させる．電極上の電荷を $Q(t)$ とし，$t = 0$ で $Q = Q_0$ とする．電極間に生じる磁束密度 $\boldsymbol{B}$ の大きさを電極の中心からの距離 r の関数として表せ．ただし，コンデンサーの電極の半径を a，電極間隔を d とする．

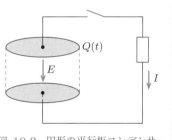

図 10.2　円形の平行板コンデンサーの放電

解答　コンデンサーの電気容量 C は，

$$C = \varepsilon_0 \frac{\pi a^2}{d}$$

である．電気容量の定義から，電極間の電圧 V は $V = Q/C$ なので，コンデンサー内部の電場 E は，

$$E(t) = \frac{V(t)}{d} = \frac{Q(t)}{\varepsilon_0 \pi a^2}$$

となる．したがって，変位電流密度 j_d は，

$$j_\mathrm{d}(t) = \varepsilon_0 \frac{\partial E(t)}{\partial t} = \frac{1}{\pi a^2} \frac{\partial Q(t)}{\partial t}$$

となる．半径 r の円形の経路にアンペール－マックスウェルの方程式を適用すると，

$$2\pi r B(r,t) = \frac{\mu_0 \pi r^2}{\pi a^2}\frac{\partial Q(t)}{\partial t} \quad \therefore B(r,t) = \frac{\mu_0 r}{2\pi a^2}\frac{\partial Q(t)}{\partial t}$$

となる.

注意　変位電流密度 j_d から, 全変位電流は $j_\mathrm{d}\pi a^2 = \partial Q(t)/\partial t$ となって, コンデンサーの外部の導線に流れる電流と等しくなっていることが確認できる.

　本節では, 変位電流を導入した. 電場が時間に対して変化すると, 電流が流れるのと同等の効果を及ぼすのである. 一方, 交流回路では, コンデンサーの内部だけでなく, 導線の内部であっても電場が変化することはよく知られている. すなわち, 交流回路では, 導線に実電流と同時に変位電流も流れていることになる. しかしながら, これまでの説明では, 導線を流れる交流電流を考えるときも, コイルのインダクタンスを考えるときも, 変位電流のことを考慮しなかった. 理論を書き換える必要があるのだろうか. 以下ではこのことを定量的に評価しよう.

　簡単な例として, オームの法則が成り立つ導線に交流の電場を印加する場合を考えよう. そのときの実電流と変位電流の大きさを比較する. いま, 電場を

$$\boldsymbol{E}(t) = \boldsymbol{E}_0 \cos\omega t \tag{10.12}$$

とし, 導電率を σ とする. オームの法則によって流れる実電流密度 $\boldsymbol{j}_\mathrm{t}$ と変位電流密度 $\boldsymbol{j}_\mathrm{d}$ は, それぞれ,

$$\boldsymbol{j}_\mathrm{t}(t) = \sigma\boldsymbol{E} = \sigma\boldsymbol{E}_0 \cos\omega t \tag{10.13}$$

$$\boldsymbol{j}_\mathrm{d}(t) = \varepsilon_0\frac{\partial \boldsymbol{E}}{\partial t} = -\varepsilon_0\omega\boldsymbol{E}_0 \sin\omega t \tag{10.14}$$

と書ける. この式から両者の位相が $90°$ 異なることもわかる. 電流の絶対値の比は, $\varepsilon_0\omega/\sigma$ となる. もしこの値が 1 に比べて十分小さければ, 導線を流れる変位電流は無視できる. 真空の誘電率は $\varepsilon_0 = 8.85 \times 10^{-12}$ F/m であり, 電気回路でよく使われる導体金属の導電率 σ は $10^7\,\Omega^{-1}\mathrm{m}^{-1}$ 程度であるので, もし角振動数 ω が 10^{18} Hz より十分小さければ, 変位電流は考えなくてもよいことになる. 10^{18} Hz はエックス線の振動数を示しているので, 言うまでもなく, 現実の電気回路では, この条件を完全に満たしている. したがって, 通常の交流回路の導線を流れる変位電流は, 実電流に比べて十分に小さく, 無視できることがわかった.

例題 10.2　電気容量 C の平行板コンデンサーに, $V = V_0 \cos\omega t$ の交流電圧を印加する場合にコンデンサー内に生じる変位電流を求めよ. ここで, V_0 は正の定数, ω は角振動数である.

解答 コンデンサーの電極面積を S, 電極間隔を d とすると, $C = \varepsilon_0 S/d$ となる. 電束密度 D は,

$$D = \varepsilon_0 E = \frac{\varepsilon_0 V_0 \cos \omega t}{d}$$

したがって, 変位電流 J_{d} は,

$$J_{\mathrm{d}} = S\frac{\partial D}{\partial t} = \frac{-\varepsilon_0 S V_0 \omega \sin \omega t}{d} = -\omega C V_0 \sin \omega t$$

となる. このように, 変位電流とは交流回路でコンデンサーに流れる電流のことであることがわかる.

(10.2) マックスウェル方程式

前節までの説明で, 電磁気学の基礎的な説明が一通り終わった. 学んだことを組み合わせると, 電磁気学の基本方程式であるマックスウェル方程式 (Maxwell equation) を書き下すことができる. マックスウェル方程式は, 電場 $\boldsymbol{E}$, 磁束密度 $\boldsymbol{B}$, 電荷密度 ρ, 電流密度 $\boldsymbol{j}$ で書かれる方程式であり, 微分形式では, 以下のように連立微分方程式の形で表される.

$$\nabla \cdot \boldsymbol{E} = \frac{\rho}{\varepsilon_0}$$
$$\nabla \cdot \boldsymbol{B} = 0$$
$$\nabla \times \boldsymbol{B} = \mu_0 \boldsymbol{j} + \mu_0 \varepsilon_0 \frac{\partial \boldsymbol{E}}{\partial t} \tag{10.15}$$
$$\nabla \times \boldsymbol{E} = -\frac{\partial \boldsymbol{B}}{\partial t}$$

ここで, ε_0 は真空の誘電率, μ_0 は真空の透磁率である. 実際に, 誘電体や磁性体を扱う場合は, 真空での誘電率や透磁率の値を実数倍する必要がある[†]. マックスウェル方程式には, 微分形式のものと, 積分形式のものが存在する. すでに説明しているので省略するが, 導出にはガウスの定理とストークスの定理を使う. 積分形式で記述されたマックスウェル方程式は, 以下のように与えられる.

[†] 動的な場合には, 外場に対する遅れを表現するために, 比誘電率や比透磁率は実数ではなく, 複素数で表現される. また, 異方性をもった誘電体や磁性体の媒質を表現するためには, 比誘電率や比透磁率は 2 階のテンソルで表現される.

$$\int_S \boldsymbol{E} \cdot \boldsymbol{n}\,\mathrm{d}S = \frac{1}{\varepsilon_0} \int_V \rho\,\mathrm{d}V$$

$$\int_S \boldsymbol{B} \cdot \boldsymbol{n}\,\mathrm{d}S = 0$$

$$\oint_C \boldsymbol{B} \cdot \mathrm{d}\boldsymbol{r} = \mu_0 \int_S \left(\boldsymbol{j} + \varepsilon_0 \frac{\partial \boldsymbol{E}}{\partial t} \right) \cdot \boldsymbol{n}\,\mathrm{d}S$$

$$\oint_C \boldsymbol{E} \cdot \mathrm{d}\boldsymbol{r} = - \int_S \frac{\partial \boldsymbol{B}}{\partial t} \cdot \boldsymbol{n}\,\mathrm{d}S$$

$$(10.16)$$

式 (10.15) と式 (10.16) の第 1 式は電場に関するガウスの法則である．積分形で説明すると，ある任意の閉曲面 S を考えて，その表面の電場の法線成分に面積要素を掛けてすべて足し合わせると，その内部の領域（体積 V）中に存在する電荷の総和を ε_0 で割った量に等しいことを示している．

第 2 式は，磁束密度に関するガウスの法則であり，基本的には第 1 式と同様であるが，違いは右辺がゼロになっていることであり，これは単磁極が存在しないことを表している．

第 3 式は，アンペール – マックスウェルの方程式で，ある閉曲線 C に沿って磁場を線積分すると，その閉曲線を貫く電流密度と変位電流密度の合計に μ_0 を掛けたものに等しいことを示している．また，この式は，磁束密度 $\boldsymbol{B}$ が渦なしの条件を満たしていないことも示しており，このことからベクトルポテンシャルという概念を導入することになった．

第 4 式は，静的な場合は渦なしの条件とよばれ，電場中で荷電粒子を移動させたときの仕事（線積分）をある経路に沿って合計し，出発点に戻るとゼロになることを示している．これは，電場が保存力場であることを示す式であり，静電ポテンシャルが定義できる条件である．磁場が時間変化する場合に，第 4 式は電磁誘導を表すファラデーの法則に修正される．磁束の時間変化を打ち消すように，起電力（電場の周回積分）が現れることを示している．

電磁気学の特徴は，電磁気学に関するすべての現象がマックルウェル方程式とよばれる式 (10.15) または式 (10.16) から説明できることであり，それこそがこれらの連立方程式が基礎方程式とよばれるゆえんである．

例題 10.3　微分形式で表されたマックスウェル方程式 (10.15) を，すべてデカルト座標系の成分で表せ．

解答 $\nabla \cdot \boldsymbol{E} = \dfrac{\rho}{\varepsilon_0}$ は以下のように書ける.

$$\frac{\partial E_x}{\partial x} + \frac{\partial E_y}{\partial y} + \frac{\partial E_z}{\partial z} = \frac{\rho}{\varepsilon_0}$$

$\nabla \cdot \boldsymbol{B} = 0$ は以下のように書ける.

$$\frac{\partial B_x}{\partial x} + \frac{\partial B_y}{\partial y} + \frac{\partial B_z}{\partial z} = 0$$

$\nabla \times \boldsymbol{B} = \mu_0 \boldsymbol{j} + \mu_0 \varepsilon_0 \dfrac{\partial \boldsymbol{E}}{\partial t}$ は以下のように書ける.

$$\frac{\partial B_z}{\partial y} - \frac{\partial B_y}{\partial z} = \mu_0 \left(j_x + \varepsilon_0 \frac{\partial E_x}{\partial t} \right), \quad \frac{\partial B_x}{\partial z} - \frac{\partial B_z}{\partial x} = \mu_0 \left(j_y + \varepsilon_0 \frac{\partial E_y}{\partial t} \right)$$

$$\frac{\partial B_y}{\partial x} - \frac{\partial B_x}{\partial y} = \mu_0 \left(j_z + \varepsilon_0 \frac{\partial E_z}{\partial t} \right)$$

$\nabla \times \boldsymbol{E} = -\dfrac{\partial \boldsymbol{B}}{\partial t}$ は以下のように書ける.

$$\frac{\partial E_z}{\partial y} - \frac{\partial E_y}{\partial z} = -\frac{\partial B_x}{\partial t}, \quad \frac{\partial E_x}{\partial z} - \frac{\partial E_z}{\partial x} = -\frac{\partial B_y}{\partial t}, \quad \frac{\partial E_y}{\partial x} - \frac{\partial E_x}{\partial y} = -\frac{\partial B_z}{\partial t}$$

　以上では，マックスウェル方程式を，力を与える物理量である電場 $\boldsymbol{E}$ と磁束密度 $\boldsymbol{B}$ を用いて表現した．一方，第5章と第8章で説明したように，誘電体と磁性体を考えるときには，$\boldsymbol{D}$ と $\boldsymbol{H}$ を用いると分極電荷と磁化電流の寄与を考える必要がなくなる．このことを考慮して，電流と電荷を扱うマックスウェル方程式の第1式と第3式を $\boldsymbol{D}$ と $\boldsymbol{H}$ で表現すると，誘電率と透磁率をこの方程式から排除することができる．すなわち，

$$\nabla \cdot \boldsymbol{D} = \rho_{\mathrm{t}}$$
$$\nabla \cdot \boldsymbol{B} = 0$$
$$\nabla \times \boldsymbol{H} = \boldsymbol{j}_{\mathrm{t}} + \frac{\partial \boldsymbol{D}}{\partial t} \tag{10.17}$$
$$\nabla \times \boldsymbol{E} = -\frac{\partial \boldsymbol{B}}{\partial t}$$

となる．E–B 対応の考え方「**真電荷密度 ρ_{t} が存在するとその周りの空間に電束密度 $\boldsymbol{D}$ がつくられ，真電流密度 $\boldsymbol{j}_{\mathrm{t}}$ と変位電流密度 $\partial \boldsymbol{D}/\partial t$ が存在するとその周りに磁場 $\boldsymbol{H}$ がつくられる**」を踏まえると，第1式と第3式に $\boldsymbol{D}$ と $\boldsymbol{H}$ を用いた意味がわかりやすいかもしれない.

(10.3) 電磁場のエネルギー保存則

第 5 章と第 9 章で，静電場と静磁場のエネルギー密度 $u(\boldsymbol{r}, t)$ を定義した．本節では，時間とともに変動する電磁場が存在するときのエネルギー保存則について解説する．

動的な電磁場を考える場合，エネルギーも動的になり，エネルギー密度のほかに，エネルギー流密度 (energy current density) $\boldsymbol{S}(\boldsymbol{r}, t)$ という概念が必要になる．ここで，エネルギー流密度は，電流密度のときと同じで，ある面積要素の法線方向に単位面積単位時間に移動するエネルギーの流れとして定義される．このような電磁場のエネルギーの流れに関しても，エネルギー保存則は成り立つはずである．この場合，電荷保存則のときに用いた連続の式が有効であることは予想できるであろう．したがって，

$$\frac{\partial u}{\partial t} + \nabla \cdot \boldsymbol{S} = 0 \tag{10.18}$$

が成り立つようにエネルギー流密度を決めればよい．このとき，エネルギー密度 u は，すでに定義した静電場と静磁場のエネルギー密度の和となる．

いつものように，マックスウェル方程式から出発しよう．誘電率や透磁率の煩わしさを避けるために，式 (10.17) を使うことにする．これらの式の第 3 式と第 4 式に，それぞれ，$\boldsymbol{E}$ と $\boldsymbol{H}$ とのスカラー積をつくると，

$$\boldsymbol{E} \cdot \left(\nabla \times \boldsymbol{H} - \frac{\partial \boldsymbol{D}}{\partial t} \right) = \boldsymbol{E} \cdot \boldsymbol{j}_{\mathrm{t}} \tag{10.19}$$

$$\boldsymbol{H} \cdot \left(\nabla \times \boldsymbol{E} + \frac{\partial \boldsymbol{B}}{\partial t} \right) = 0 \tag{10.20}$$

となる．式 (10.20) から式 (10.19) を引くと

$$\boldsymbol{E} \cdot \frac{\partial \boldsymbol{D}}{\partial t} + \boldsymbol{H} \cdot \frac{\partial \boldsymbol{B}}{\partial t} + \boldsymbol{H} \cdot (\nabla \times \boldsymbol{E}) - \boldsymbol{E} \cdot (\nabla \times \boldsymbol{H}) = -\boldsymbol{E} \cdot \boldsymbol{j}_{\mathrm{t}} \tag{10.21}$$

が得られる．いま，$\boldsymbol{D} = \varepsilon \boldsymbol{E}$ と $\boldsymbol{H} = \boldsymbol{B}/\mu$ より，左辺の第 1 項と第 2 項の和は，

$$\boldsymbol{E} \cdot \frac{\partial \boldsymbol{D}}{\partial t} + \boldsymbol{H} \cdot \frac{\partial \boldsymbol{B}}{\partial t} = \frac{\partial}{\partial t} \left(\frac{1}{2} \boldsymbol{E} \cdot \boldsymbol{D} + \frac{1}{2} \boldsymbol{B} \cdot \boldsymbol{H} \right) \tag{10.22}$$

となる．式 (10.21) の左辺第 3 項と第 4 項の見通しをよくするために，ベクトル公式（演習問題 1.3(a) 参照）

$$\nabla \cdot (\boldsymbol{E} \times \boldsymbol{H}) = \boldsymbol{H} \cdot (\nabla \times \boldsymbol{E}) - \boldsymbol{E} \cdot (\nabla \times \boldsymbol{H}) \tag{10.23}$$

を適用すると，

$$\frac{\partial u}{\partial t} + \nabla \cdot \boldsymbol{S} = -\boldsymbol{E} \cdot \boldsymbol{j}_{\mathrm{t}} \tag{10.24}$$

が得られる．ここで，

$$u(\boldsymbol{r},t) = \frac{1}{2}\boldsymbol{E}\cdot\boldsymbol{D} + \frac{1}{2}\boldsymbol{B}\cdot\boldsymbol{H} \tag{10.25}$$

$$\boldsymbol{S}(\boldsymbol{r},t) = \boldsymbol{E}\times\boldsymbol{H} \tag{10.26}$$

である．式 (6.22) より，式 (10.24) の右辺は，ジュール熱による電磁場のエネルギーの減少を表しており，この右辺がゼロのとき，電場と磁場のエネルギーは連続の式を満たすことになる．すなわち，「式 (10.24) の右辺 = ゼロ」の式が電磁場のエネルギー保存則を与えている．式 (10.25) で与えられる u は，静電場と静磁場のエネルギー密度の和であり，式 (10.26) の $\boldsymbol{S}$ はエネルギー流密度となる．この式 (10.24) はポインティング (J. Poynting) によって導出された式であり，式の中の $\boldsymbol{S}$ は，ポインティングベクトル (Poynting vector) とよばれている．真空中では，電磁波のエネルギーは，$\boldsymbol{S}$ の方向に伝えられる．電磁波については，次章で解説する．

例題 10.4 一様な電場 $\boldsymbol{E}$ の中で，電場に平行に直線状の導線を置く．電場によって導線には定常電流 I が流れた．ポインティングベクトルを計算して，周りの空間から導線に流れ込むエネルギーを求めよ．

解答 図 **10.3** に示すように，導線の中心から r 離れた点を考える．この点の磁束密度の大きさ B は，アンペールの法則により，

$$B(r) = \frac{\mu_0 I}{2\pi r}$$

であるので，ポインティングベクトルの大きさ S は

$$S(r) = \frac{1}{\mu_0}|\boldsymbol{E}\times\boldsymbol{B}| = \frac{EI}{2\pi r} \quad (\text{導体の中心方向})$$

となる．よって，導線の単位時間，単位長さあたりに流れ込むエネルギー U は，S に表面積をかけて，

$$U = 2\pi r S = EI$$

となる．これは，導線で発生するジュール熱に等しい．

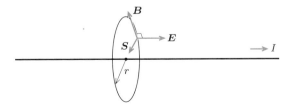

図 **10.3** 一様電場中の直線電流

(10.4) 電磁ポテンシャル

第 3 章と第 7 章で，電場 E と磁束密度の場 B に対して，それぞれ，静電ポテンシャル ϕ とベクトルポテンシャル A が定義できることを説明した．それらは静的な場に対するものであった．本節では，動的なポテンシャルの場を導出しよう．このような ϕ と A の場を電磁ポテンシャル (electromagnetic potential) の場とよぶ．

第 7 章で述べたように，ベクトルポテンシャルは磁場に関するガウスの法則 $\nabla \cdot B(r, t) = 0$ から積分定数の任意性を除いて数学的に一意に決まったのであるから，ベクトルポテンシャルの定義も，そのまま時間の関数として拡張してよいであろう．すなわち，

$$B(r, t) = \nabla \times A(r, t) \tag{10.27}$$

となる．

次に，これをファラデーの電磁誘導の法則に代入してみると，

$$\nabla \times \left[E(r, t) + \frac{\partial}{\partial t} A(r, t) \right] = \mathbf{0} \tag{10.28}$$

と書ける．一方，第 3 章で述べたように，静電ポテンシャルは電場の渦なしの条件 $\nabla \times E(r, t) = 0$ から積分定数の任意性を除いて数学的に一意に決まったのであるから，動的な場合には，式 (10.28) の括弧 [　] の内部を $-\nabla\phi(r, t)$ と定義すればよさそうである．これより，電磁ポテンシャル ϕ, A を用いて，動的な電場 E と磁束密度 B は，以下のように書くことができる．

$$E(r, t) = -\frac{\partial}{\partial t} A(r, t) - \nabla\phi(r, t)$$
$$B(r, t) = \nabla \times A(r, t) \tag{10.29}$$

これ以降，ϕ を電磁ポテンシャルのスカラー部分という意味で，スカラーポテンシャル (scalar potential) とよぶことにしよう．こうすると電磁ポテンシャルは，スカラーポテンシャル ϕ とベクトルポテンシャル A の組からできていることになる．この電磁ポテンシャルがわかると，これらの定義に従って，いつでも電場 E と磁束密度 B を求めることができる．ここで，スカラーポテンシャル ϕ とベクトルポテンシャル A の単位は，それぞれ，[V] と [V·s/m] = [Wb/m] である．

　電磁気学における電場と磁場の振る舞いは，いつでも 10.2 節で説明したマックスウェル方程式に従う．このことは，マックスウェル方程式を解けば，いつでも電場と磁場が求められることを意味する．第 9 章のコラムで，電場と磁場の振る舞いを記述

する電磁気学は，積分定数の任意性を許せば，電磁ポテンシャル $(\phi, \boldsymbol{A})$ だけで記述可能であることを述べた．もしそうであるならば，電磁気学には，マックスウェル方程式に変わって，ϕ と $\boldsymbol{A}$ の振る舞いを記述する方程式が存在するはずである．この方程式については，演習問題 10.4 で説明することにする．

 ## 演習問題

10.1 電荷 q をもつ点電荷が x 軸上を一定の速さ v で運動するとき，任意の点に生じる変位電流を求めよ．

10.2 海水は電流を流す．交流を流すとき，低周波数では導体のように，高周波数では誘電体のように振る舞う．海水の導電率を $\sigma = 2\,\Omega^{-1}\mathrm{m}^{-1}$，比誘電率を $\varepsilon_\mathrm{r} = 81$ として，導体とみなしうる周波数の上限を求めよ．

10.3 半径 a の円形の電極をもち，電極間隔が d の平行板コンデンサーに交流の電圧を印加する．極板に存在する電荷を $Q(t)$，電圧が最大のときの電荷を Q_0 とする．

(1) 電荷 Q が減少するとき，電極間の空間の電場 $\boldsymbol{E}$ と磁束密度 $\boldsymbol{B}$ を求めよ．

(2) 半径 a の位置に生じるポインティングベクトル $\boldsymbol{S}$ を求めよ．

(3) 極板の電荷が Q_0 からゼロになるまでに放出される電磁場のエネルギーは，コンデンサーに蓄えられていた静電エネルギーに等しいことを示せ．

10.4 電荷密度 $\rho(\boldsymbol{r}, t)$，電流密度 $\boldsymbol{j}(\boldsymbol{r}, t)$ が与えられるとき，電磁ポテンシャル $\boldsymbol{A}(\boldsymbol{r}, t), \phi(\boldsymbol{r}, t)$ は，以下の式によって決定できることが知られている．この電磁ポテンシャルが決まれば，式 (10.29) から電場 $\boldsymbol{E}(\boldsymbol{r}, t)$ と磁束密度 $\boldsymbol{B}(\boldsymbol{r}, t)$ も決定できる．以下の式から，マックスウェル方程式が導かれることを示せ．

$$\nabla^2 \boldsymbol{A}(\boldsymbol{r}, t) - \frac{1}{c^2}\frac{\partial^2 \boldsymbol{A}(\boldsymbol{r}, t)}{\partial t^2} = -\mu_0 \boldsymbol{j}(\boldsymbol{r}, t)$$

$$\nabla^2 \phi(\boldsymbol{r}, t) - \frac{1}{c^2}\frac{\partial^2 \phi(\boldsymbol{r}, t)}{\partial t^2} = -\frac{\rho(\boldsymbol{r}, t)}{\varepsilon_0}$$

$$\nabla \cdot \boldsymbol{A}(\boldsymbol{r}, t) + \frac{1}{c^2}\frac{\partial \phi(\boldsymbol{r}, t)}{\partial t} = 0$$

問題で示された方程式系の 3 番目の条件式をローレンツ条件 (Lorenz condition) とよび，この条件を満たす電磁ポテンシャルをローレンツゲージにおける電磁ポテンシャルという．

○─ コラム 4：電場と磁場の相対性 ─○

図 10.4 のように，導線内を一定の電流が流れているとする．この導線から r だけ離れて，点電荷が導線に平行に速度 v で運動しているとする．いま，電流 I と v が平行であれば，当然，電流がつくる磁場のローレンツ力によって，点電荷は導線に引き寄せられるであろう．

図 10.4　直線電流と等速運動する電荷

次に，同じ現象を点電荷と一緒に速度 v で運動する座標系から観測する．この座標系で点電荷は静止しているので，ローレンツ力がはたらかないことになる．もしこの推論が正しいとすると，電磁気学の現象は，座標系（慣性系）ごとに違って見えるということになってしまう．これは日常の経験と矛盾する．どのように考えればよいのであろうか．

これを説明するためには，アインシュタインの特殊相対性理論が必要になる．この理論では，ある座標系で運動する物体を観測すると，その物体の時間の進み方が遅く見えたり，長さが短く見えたりするという結論は有名である．詳細な説明は省略するが，いまの場合には，速度 v で動く点電荷の座標系から導線を見ると，導体内の金属イオンのプラス電荷と自由電子のマイナス電荷の電荷密度が変化して見えるのである．その結果，点電荷からは導体がわずかに帯電しているように見えて，そのクーロン力によって点電荷と導線が引き合うことになる．座標変換によって，磁場による力と電場による力が入れ替わって，点電荷と導線に引力がはたらくという事実は不変に保たれる．この場合，物理現象はある慣性系から別の慣性系への座標変換にはよらないとも結論できる．

この議論から，電場と磁場は座標系に依存して相対的なものであることが理解できる．もともと特殊相対性理論発見のきっかけになった光速度不変の原理は，マックスウェル方程式から出てきたものであることを考えると，電磁気学と相対性理論が密接に関連していることは容易に想像できるかもしれない．

ここで紹介したことの詳細は，『ファインマン物理学 III 電磁気学』（岩波書店）の第 13 章で説明されている．興味のある読者はぜひ参照されたい．

11 電磁波の性質

本章ではマックスウェル方程式から出発して，電磁波の波動方程式を導出し，1次元の場合について波動方程式を解いて平面波の解を求める．真空中の電磁波の特徴として，電磁波中における電場と磁場の関係や偏光特性について解説する．

11.1 電磁波の方程式

本節では，アンテナや物質から放出された電磁波や光について，放出源から十分離れた領域を考える．このような電磁波を与えるための条件は，電荷密度や電流密度をもった放出源の影響を受けないことであり，$\rho = 0, \boldsymbol{j} = 0$ となる．この条件下で，マックスウェル方程式は，

$$\nabla \cdot \boldsymbol{E} = 0$$
$$\nabla \cdot \boldsymbol{B} = 0$$
$$\nabla \times \boldsymbol{B} - \mu_0 \varepsilon_0 \frac{\partial \boldsymbol{E}}{\partial t} = 0 \tag{11.1}$$
$$\nabla \times \boldsymbol{E} + \frac{\partial \boldsymbol{B}}{\partial t} = 0$$

と書ける．このように電荷も電流もない空間の電磁場は，自由電磁場 (free electromagnetic field) とよばれることがある．

はじめに，電場の波動方程式を導こう．式 (11.1) の第4式（ファラデーの電磁誘導の法則）の両辺の回転をとる．

$$\nabla \times (\nabla \times \boldsymbol{E}) + \frac{\partial (\nabla \times \boldsymbol{B})}{\partial t} = 0 \tag{11.2}$$

この式の左辺第1項に，次の数学公式を適用する（証明は演習問題 1.3 を参照）．

$$\nabla \times (\nabla \times \boldsymbol{E}) = -\nabla^2 \boldsymbol{E} + \nabla (\nabla \cdot \boldsymbol{E}) \tag{11.3}$$

この式の右辺第2項は，ガウスの法則 $\nabla \cdot \boldsymbol{E} = 0$ よりゼロになる．次に，式 (11.2) の左辺第2項は，式 (11.1) の第3式（アンペール–マックスウェルの方程式）から，電場の時間による2階微分になることがわかる．以上をまとめると，

$$\nabla^2 \boldsymbol{E} = \varepsilon_0 \mu_0 \frac{\partial^2 \boldsymbol{E}}{\partial t^2} = \frac{1}{c^2} \frac{\partial^2 \boldsymbol{E}}{\partial t^2} \tag{11.4}$$

が得られる．これが電場に関する波動方程式 (wave equation) である．ここで，定数 c は波が伝わる速さを表しているので，この式から，真空中で電磁波が伝わる光速度 c は，$c = 1/\sqrt{\varepsilon_0 \mu_0}$ でなければいけないことがわかる（光も電磁波である）．

次に，磁束密度に関する波動方程式を導こう．式 (11.1) の第 3 式（アンペール – マックスウェルの方程式）の両辺の回転をとる．

$$\nabla \times (\nabla \times \boldsymbol{B}) + \varepsilon_0 \mu_0 \frac{\partial (\nabla \times \boldsymbol{E})}{\partial t} = 0 \tag{11.5}$$

この式の左辺第 1 項に，先ほどと同様に次の数学公式を適用する．

$$\nabla \times (\nabla \times \boldsymbol{B}) = -\nabla^2 \boldsymbol{B} + \nabla(\nabla \cdot \boldsymbol{B}) \tag{11.6}$$

この式の右辺第 2 項は，ガウスの法則 $\nabla \cdot \boldsymbol{B} = 0$ よりゼロになる．次に，式 (11.5) の左辺第 2 項は，式 (11.1) の第 4 式（ファラデーの電磁誘導の法則）から，磁場の時間による 2 階微分になることがわかる．以上をまとめると，

$$\nabla^2 \boldsymbol{B} = \varepsilon_0 \mu_0 \frac{\partial^2 \boldsymbol{B}}{\partial t^2} \tag{11.7}$$

が得られる．これが磁束密度に関する波動方程式である．光速度 c を用いると，

$$\nabla^2 \boldsymbol{B} = \frac{1}{c^2} \cdot \frac{\partial^2 \boldsymbol{B}}{\partial t^2} \tag{11.8}$$

と書ける．

式 (11.4) と式 (11.8) が，それぞれ，電場と磁束密度に関する波動方程式である．自由電磁場における電磁波の特徴は，これらの方程式から導くことができる．しかしながら，2 つの波動方程式では，電場と磁束密度が完全に分離していて，電場と磁束密度の関係がわかりにくい．電場と磁束密度の関係については，11.3 節で述べることにする．

例題 11.1　式 (11.4) の波動方程式をデカルト座標の成分で書き表せ．

解答

$$\frac{\partial^2 E_x}{\partial x^2} + \frac{\partial^2 E_x}{\partial y^2} + \frac{\partial^2 E_x}{\partial z^2} = \frac{1}{c^2} \frac{\partial^2 E_x}{\partial t^2}$$

$$\frac{\partial^2 E_y}{\partial x^2} + \frac{\partial^2 E_y}{\partial y^2} + \frac{\partial^2 E_y}{\partial z^2} = \frac{1}{c^2} \frac{\partial^2 E_y}{\partial t^2}$$

$$\frac{\partial^2 E_z}{\partial x^2} + \frac{\partial^2 E_z}{\partial y^2} + \frac{\partial^2 E_z}{\partial z^2} = \frac{1}{c^2} \frac{\partial^2 E_z}{\partial t^2}$$

(11.2) 1次元平面波

　本節では，波動方程式を解いて波動関数 (wave function) を求めよう．簡単のために，電磁波が横波であることを仮定して，1次元を伝播する電場の波動関数を考える．光が横波であることについては，改めて次節で確認することにする．

　1次元波動として，z軸方向に伝播し，電場 $\boldsymbol{E}$ が x 方向に振動する横波の波動を考える．すなわち，$\boldsymbol{E} = (E_x(z,t), 0, 0)$ とする．この場合，式 (11.4) の波動方程式は，

$$\frac{\partial^2 E_x(z,t)}{\partial z^2} = \frac{1}{c^2}\frac{\partial^2 E_x(z,t)}{\partial t^2} \tag{11.9}$$

となる．変数分離法 (method of separation of variables) を用いて，この偏微分方程式 (partial differential equation) を解いてみよう．最初に電場 $E_x(z,t)$ が，座標 z だけの関数 $Z(z)$ と，時間 t だけの関数 $T(t)$ の積 $E_x(z,t) = Z(z)T(t)$ で書けると仮定する．これを式 (11.9) に代入し，両辺を $Z(z)T(t)$ で割る．

$$\frac{1}{Z(z)}\frac{\mathrm{d}^2 Z(z)}{\mathrm{d}z^2} = \frac{1}{c^2 T(t)}\frac{\mathrm{d}^2 T(t)}{\mathrm{d}t^2}(\equiv -k_z^2) \tag{11.10}$$

この式は，最左辺が z だけ，左から2番目の辺が t だけの関数になっている．このように，それぞれ独立な変数だけで書かれた両辺の間に等号が成り立つのは，せいぜい両辺が一定値をとるときであろうから，式 (11.10) では，これらを $-k_z^2$（定数）と置いた．この定数は分離定数 (separation constant) とよばれている．これにより，偏微分方程式 (11.10) は，2つの常微分方程式 (ordinary differential equation) になり，簡単に解くことができる．このような方法を変数分離法とよぶ．すなわち，

$$\frac{\mathrm{d}^2 Z(z)}{\mathrm{d}z^2} = -k_z^2 Z(z) \tag{11.11}$$

$$\frac{\mathrm{d}^2 T(t)}{\mathrm{d}t^2} = -c^2 k_z^2 T(t) \tag{11.12}$$

が得られる．

　最初に，常微分方程式 (11.11) の解は，

$$Z(z) = Z_0 \exp(\mathrm{i}k_z z) \tag{11.13}$$

となる．ここで，Z_0 は振幅である．これらの式から，分離定数の k_z は，波数ベクトルの z 成分であることがわかる．実は，この結果を知っていて，分離定数を $-k_z^2$ と置いたのである．同様に，式 (11.12) の解は，

$$T(z) = T_0 \exp(-\mathrm{i}\omega t) \tag{11.14}$$

と書ける. ここで, T_0 は振幅であり, ω は角振動数である. 導出には関係式 $c = \omega/k_z$ を使った. 最終的に, 2 つの解を組み合わせて, 波動方程式 (11.9) の解は,

$$E_x(z) = E_{0x} \exp[\mathrm{i}(k_z z - \omega t + \theta)] \tag{11.15}$$

となる. E_{0x} は電場の振幅であり, θ は初期条件で決まる位相である. ここでは, z 軸方向を伝播する電場の波動関数を導出した.

式 (11.15) の解から類推して, 3 次元空間内で伝播する電場と磁束密度の波動関数は,

$$\boldsymbol{E}(\boldsymbol{r},t) = \boldsymbol{E}_0 \exp[\mathrm{i}(\boldsymbol{k} \cdot \boldsymbol{r} - \omega t + \theta)] \tag{11.16}$$

$$\boldsymbol{B}(\boldsymbol{r},t) = \boldsymbol{B}_0 \exp[\mathrm{i}(\boldsymbol{k} \cdot \boldsymbol{r} - \omega t + \theta')] \tag{11.17}$$

と書けるであろう. θ と θ' は電場と磁束密度の初期条件で決まる位相であり, 次節で $\theta = \theta'$ が示される. 言うまでもなく, この波動の伝播速度は光速度 c であり, 真空中では, 次式で与えられる.

$$c = \frac{1}{\sqrt{\varepsilon_0 \mu_0}} \tag{11.18}$$

本節では, 電場と磁束密度の波動関数を複素数で表現した. しかし実際には, 複素数の物理量は存在しないので, 意味があるのはそれらの関数の実部であることに注意が必要である. すなわち,

$$\boldsymbol{E}(\boldsymbol{r},t) = \mathrm{Re}\{\boldsymbol{E}_0 \exp[\mathrm{i}(\boldsymbol{k} \cdot \boldsymbol{r} - \omega t + \theta)]\} = \boldsymbol{E}_0 \cos(\boldsymbol{k} \cdot \boldsymbol{r} - \omega t + \theta) \tag{11.19}$$

または, 複素数で表現した電場を $\widehat{\boldsymbol{E}}(\boldsymbol{r},t)$, その複素共役を $\widehat{\boldsymbol{E}}^*(\boldsymbol{r},t)$ として,

$$\boldsymbol{E}(\boldsymbol{r},t) = \frac{1}{2}[\widehat{\boldsymbol{E}}(\boldsymbol{r},t) + \widehat{\boldsymbol{E}}^*(\boldsymbol{r},t)] \tag{11.20}$$

と表すこともできる. 本来実数である物理量に対して複素関数を用いて微分方程式を解いて, 最終的に実数部分だけを利用するという方法は, 線形微分方程式の場合に限るということにも注意しておく必要がある.

例題 11.2 一様な金属中では, $\boldsymbol{D} = \varepsilon \boldsymbol{E}$, $\boldsymbol{j} = \sigma \boldsymbol{E}$ が成り立つことが知られており, 金属中のマックスウェル方程式の条件は, $\rho = 0$, $\boldsymbol{j} \neq 0$ となる. この場合, 波動方程式 (11.9) が

$$\frac{\partial^2 E_x(z,t)}{\partial z^2} = \frac{1}{c^2} \frac{\partial^2 E_x(z,t)}{\partial t^2} + \mu_0 \sigma \frac{\partial E_x(z,t)}{\partial t}$$

と修正されることを示せ.

解答 ファラデーの電磁誘導の法則の両辺の回転をとる.

$$\nabla \times (\nabla \times \boldsymbol{E}) + \frac{\partial(\nabla \times \boldsymbol{B})}{\partial t} = 0$$

この式にアンペール–マックスウェルの方程式

$$\nabla \times \boldsymbol{B} = \mu_0 \boldsymbol{j} + \mu_0 \varepsilon_0 \frac{\partial \boldsymbol{E}}{\partial t}$$

を代入し，第 1 項に，次式を適用する．

$$\nabla \times (\nabla \times \boldsymbol{E}) = -\nabla^2 \boldsymbol{E} + \nabla(\nabla \cdot \boldsymbol{E})$$

以上より，

$$\nabla^2 \boldsymbol{E} = \frac{1}{c^2} \frac{\partial^2 \boldsymbol{E}}{\partial t^2} + \mu_0 \frac{\partial \boldsymbol{j}}{\partial t}$$

となる．オームの法則を代入すると，

$$\nabla^2 \boldsymbol{E} = \frac{1}{c^2} \frac{\partial^2 \boldsymbol{E}}{\partial t^2} + \mu_0 \sigma \frac{\partial \boldsymbol{E}}{\partial t}$$

となり，z 軸方向に伝播する電場の x 方向の振動とすると，次式が得られる．

$$\frac{\partial^2 E_x(z,t)}{\partial z^2} = \frac{1}{c^2} \frac{\partial^2 E_x(z,t)}{\partial t^2} + \mu_0 \sigma \frac{\partial E_x(z,t)}{\partial t}$$

注意 この方程式の解は減衰波動を与え，オームの法則によりジュール熱でエネルギーを散逸し，金属中の電磁波の電場が減衰することを示す．電磁波は，導体内部で長い距離を伝播できない．とくに，導電率の σ の値が非常に大きいときには，電磁波の侵入距離が波長よりも短くなる．この現象は表皮効果とよばれているが，これについては他書にゆずる．

(11.3) 真空中の電磁波の性質

11.3.1 電場と磁場の関係

前節では，電磁波が電場や磁場の横波であることを仮定して波動関数を導いた．このとき，光速度が c であることを示した．本節では，電磁波が横波であることと，そのときの電場と磁場の関係を導こう．

前節の波動関数 (11.16)，(11.17) をマックスウェル方程式 (11.1) に代入する．

$$\boldsymbol{k} \cdot \boldsymbol{E}(\boldsymbol{r},t) = 0 \tag{11.21}$$

$$\boldsymbol{k} \cdot \boldsymbol{B}(\boldsymbol{r},t) = 0 \tag{11.22}$$

$$\boldsymbol{E}(\boldsymbol{r},t) = -c \frac{\boldsymbol{k}}{|\boldsymbol{k}|} \times \boldsymbol{B}(\boldsymbol{r},t) \tag{11.23}$$

$$\boldsymbol{B}(\boldsymbol{r},t) = \frac{1}{c} \cdot \frac{\boldsymbol{k}}{|\boldsymbol{k}|} \times \boldsymbol{E}(\boldsymbol{r},t) \tag{11.24}$$

ここで，関係式 $c = \omega/k$ を使用した．これらの計算については例題 11.3 に示す．

最初に，ガウスの法則から得られる式 (11.21) と式 (11.22) から，波の進行する波数 $\boldsymbol{k}$ と電場 $\boldsymbol{E}$，磁束密度 $\boldsymbol{B}$ は垂直でなければいけないことがわかる．これは，電場と磁束密度の波は，いずれも横波を示すことを意味している．一般に，ベクトル場の発散がゼロのとき，そのベクトルを振幅とする波動は横波になる．また，式 (11.23) と式 (11.24) から，電場 $\boldsymbol{E}$ と磁束密度 $\boldsymbol{B}$ はたがいに垂直であることがわかる．式 (11.16) と式 (11.17) で示されるような平面波の場合には，両者は同位相 ($\theta = \theta'$) となる．さらに，$\boldsymbol{E}$ と $\boldsymbol{B}$ の大きさの比は，

$$\frac{|\boldsymbol{E}|}{|\boldsymbol{B}|} = c \tag{11.25}$$

で与えられる．

以上より，電磁波は，電場と磁束密度が真空中を光速度 c で伝播する横波であることがわかる．この様子を**図 11.1** に示す．

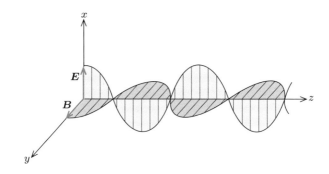

図 11.1 z 軸方向に伝播する電磁波

例題 11.3 あるベクトル $\boldsymbol{A}$ が $\boldsymbol{A}(\boldsymbol{r},t) = \boldsymbol{A}_0 \exp[\mathrm{i}(\boldsymbol{k}\cdot\boldsymbol{r} - \omega t)]$ で与えられるとき，$\boldsymbol{A}$ の回転と発散を計算せよ．

解答 発散は以下のように計算できる．

$$\begin{aligned}
\nabla \cdot \boldsymbol{A}(\boldsymbol{r},t) &= \frac{\partial}{\partial x} A_{x0} \exp[\mathrm{i}(\boldsymbol{k}\cdot\boldsymbol{r} - \omega t)] + \frac{\partial}{\partial y} A_{y0} \exp[\mathrm{i}(\boldsymbol{k}\cdot\boldsymbol{r} - \omega t)] \\
&\quad + \frac{\partial}{\partial z} A_{z0} \exp[\mathrm{i}(\boldsymbol{k}\cdot\boldsymbol{r} - \omega t)] \\
&= \mathrm{i}k_x A_x + \mathrm{i}k_y A_y + \mathrm{i}k_z A_z \\
&= \mathrm{i}\boldsymbol{k} \cdot \boldsymbol{A}
\end{aligned}$$

回転の x 成分は以下のように計算できる．

$$\nabla \times \boldsymbol{A}(\boldsymbol{r},t)|_x = \frac{\partial}{\partial y} A_{z0} \exp[\mathrm{i}(\boldsymbol{k} \cdot \boldsymbol{r} - \omega t)] - \frac{\partial}{\partial z} A_{y0} \exp[\mathrm{i}(\boldsymbol{k} \cdot \boldsymbol{r} - \omega t)]$$

$$= \mathrm{i}(k_y A_z - k_z A_y)$$

$$= \mathrm{i}\boldsymbol{k} \times \boldsymbol{A}|_x$$

同様に，$\nabla \times \boldsymbol{A}(\boldsymbol{r},t)|_y = \mathrm{i}\boldsymbol{k} \times \boldsymbol{A}|_y$，$\nabla \times \boldsymbol{A}(\boldsymbol{r},t)|_z = \mathrm{i}\boldsymbol{k} \times \boldsymbol{A}|_z$ が導かれる．したがって，

$$\nabla \times \boldsymbol{A}(\boldsymbol{r},t) = \mathrm{i}\boldsymbol{k} \times \boldsymbol{A}$$

が得られる．

11.3.2 電磁波のエネルギー

電磁波は電場と磁束密度の振動が同時に真空中を光速度 c で伝播する波動であることがわかった．荷電粒子がいる場所に電磁波が伝われば，荷電粒子は電場に合わせて振動するはずである．すなわち，電磁波は伝播に伴ってエネルギーを運んでいることになる．本項では，電磁波が伝えるエネルギーについて考えよう．

この電磁波が伝えるエネルギーの流れは，前章で導出したポインティングベクトルを用いて計算できる．単位面積あたりの平均のエネルギーの流れは，ポインティングベクトル $\boldsymbol{S}$ の時間に関する平均をとって，

$$\overline{\boldsymbol{S}} = \frac{1}{\mu_0}\overline{\boldsymbol{E} \times \boldsymbol{B}} \tag{11.26}$$

で与えられ，電磁波の単位体積あたりの平均のエネルギー密度 u は，時間に関する平均をとって，

$$\overline{u} = \frac{1}{2}(\overline{\boldsymbol{E} \cdot \boldsymbol{D}} + \overline{\boldsymbol{B} \cdot \boldsymbol{H}}) \tag{11.27}$$

で与えられることになる．

例題 11.4 式 (11.26) の実関数を 1 周期にわたる平均をとることと，電場と磁束密度を複素数で書いて，

$$\overline{\boldsymbol{S}} = \frac{1}{2\mu_0}\boldsymbol{E} \times \boldsymbol{B}^*$$

とすることが等価であることを示せ．ただし，$*$ は複素共役を示す．

解答 式 (11.16) と式 (11.17) の実部は，$\theta = \theta' = 0$ とすると，

$$\boldsymbol{E}(\boldsymbol{r},t) = \boldsymbol{E}_0 \cos(\boldsymbol{k} \cdot \boldsymbol{r} - \omega t)$$

$$\boldsymbol{B}(\boldsymbol{r},t) = \boldsymbol{B}_0 \cos(\boldsymbol{k} \cdot \boldsymbol{r} - \omega t)$$

と書ける．ポインティングベクトルの平均値は，電磁波の 1 周期を $T(= 2\pi/\omega)$ とすると

次のようになる.

$$\overline{\boldsymbol{S}} = \frac{1}{\mu_0} \boldsymbol{E}_0 \times \boldsymbol{B}_0 \frac{1}{T} \int_0^T \cos^2(\boldsymbol{k} \cdot \boldsymbol{r} - \omega t) \, \mathrm{d}t$$

$$= \frac{1}{\mu_0} \boldsymbol{E}_0 \times \boldsymbol{B}_0 \frac{1}{T} \int_0^T \frac{1 + \cos 2(\boldsymbol{k} \cdot \boldsymbol{r} - \omega t)}{2} \, \mathrm{d}t$$

$$= \frac{1}{\mu_0} \boldsymbol{E}_0 \times \boldsymbol{B}_0 \frac{1}{T} \left[\frac{t}{2} - \frac{\sin 2(\boldsymbol{k} \cdot \boldsymbol{r} - \omega t)}{4\omega} \right]_0^T = \frac{1}{2\mu_0} \boldsymbol{E}_0 \times \boldsymbol{B}_0$$

複素数の式 (11.16) と式 (11.17) から問題で与えられた方法で計算すると,$\boldsymbol{E}$ と $\boldsymbol{B}^*$ の指数関数の部分(位相因子)が打ち消し合うので,

$$\overline{\boldsymbol{S}} = \frac{1}{2\mu_0} \boldsymbol{E} \times \boldsymbol{B}^* = \frac{1}{2\mu_0} \boldsymbol{E}_0 \times \boldsymbol{B}_0$$

となり,両者は等価である.

第 2 章では,近接作用の考え方をもとに電場という力の場を導入した.もし遠隔作用の考え方で電荷や電流にはたらく力だけを問題にするのであれば,空間のすべての点で定義されたベクトル場としての電場や磁場という概念は,問題を解くための単なる数学的な技巧に過ぎないだろう.遠隔作用の考え方では,電荷や電流に力が作用するのは,力を受ける電荷や電流が存在するときだけであって,電荷や電流が存在しない場所は何もないのと同じだからである.しかし,読者が本章まで読み進んで電磁波の存在に触れたとき,電場や磁場の物理的実在やその概念の重要性が認識できたのではないだろうか.

ここで説明した電磁波は,テレビやスマートフォンの通信に使用されている電波を指すのはもちろんであるが,それ以外にも,電磁波の波長は,非常に広範囲にわたって存在することがよく知られている.電波よりも波長の短い電磁波は,波長の長いほうから順に,マイクロ波,赤外線,可視光線,紫外線,エックス線,ガンマ線と続く.したがって,光を扱う光学も,エックス線やガンマ線を扱う物理学も電磁気学の一部と考えることができるのである.

11.3.3 直線偏光と楕円偏光

本項では,もう 1 つ電磁波の重要な性質として,偏光 (polarization) について解説しよう.偏光という言葉かわかるように,この概念は光学の分野で発展した.以下では,電磁波のことも光とよぶことにする.

前項の議論では,電場 $\boldsymbol{E}$ の振動の方向と波の進行の方向 $\boldsymbol{k}$ を決めると,磁束密度 $\boldsymbol{B}$ の方向が一意に決まるということであった.しかしながら,波の進行方向 $\boldsymbol{k}$ を決めたとき,電場の振動方向には 2 つ自由度があり,一意に決めることができない.こ

れは 3 次元空間の特徴である．一般に，自然界に存在する通常の光は多くの波の重合わせになっている．たとえ同じ方向に進む振動数が等しい波（単色光）の重ね合わせであっても，電場の振幅 (amplitude) 方向と位相 (phase) の任意性がある．このように，波の進行方向に垂直な面内で任意に振動する電場を重ね合わせた光のことを自然光 (natural light) とよぶ．通常，われわれが目にする光は，この自然光である．

偏光について考えるために，波の進行方向を z 軸に固定し，x, y 面内のある方向に振動する電場を以下のように書くことにする．

$$E(z, t) = (\widehat{E}_x e_x + \widehat{E}_y e_y) \exp[\mathrm{i}(k_z z - \omega t)] \tag{11.28}$$

ここで，e_x と e_y は x と y 軸方向の単位ベクトル，$\widehat{E}_x$ と $\widehat{E}_y$ は複素数の振幅とする．この複素数の振幅は波の位相を含んでいる．すなわち，

$$
\begin{aligned}
\widehat{E}_x &= |\widehat{E}_x|\mathrm{e}^{\mathrm{i}\theta_x} = E_{x0}\mathrm{e}^{\mathrm{i}\theta_x} \\
\widehat{E}_y &= |\widehat{E}_y|\mathrm{e}^{\mathrm{i}\theta_y} = E_{y0}\mathrm{e}^{\mathrm{i}\theta_y}
\end{aligned}
\tag{11.29}
$$

であり，この θ_x と θ_y はそれぞれの方向の波の位相を表す．

いま，$\theta_x = \theta_y = \theta$ ならば，式 (11.28) で与えられる電場は，

$$E(z, t) = E_0 \exp[\mathrm{i}(k_z z - \omega t + \theta)] \tag{11.30}$$

と書くことができる．ここで，

$$E_0 = E_{x0}e_x + E_{y0}e_y \tag{11.31}$$

である．**図 11.2** に，この光 (11.30) を z 軸方向から観察した様子を示す．明らかに，この光の電場は E_0 の方向だけで振動する．このように，電場がある 1 つの方向だけに振動しながら伝播するような光を直線偏光 (linearly polarized light) とよぶ．光の場合，自然光を偏光板 (polarizer) に通すと直線偏光が得られる．

一方，2 つの位相 θ_1 と θ_2 が異なる場合，波動関数は，

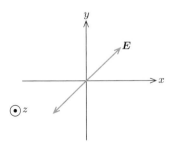

図 11.2 直線偏光

$$\boldsymbol{E}(z,t) = (E_{x0}\mathrm{e}^{\mathrm{i}\theta_1}\boldsymbol{e}_x + E_{y0}\mathrm{e}^{\mathrm{i}\theta_2}\boldsymbol{e}_y)\exp[\mathrm{i}(k_z z - \omega t)] \tag{11.32}$$

と書かれる．**図 11.3** に，z 軸方向に伝播する光の振幅の軌跡を xy 平面に投影した図を示す．式 (11.32) で表される波動の電場の振幅は，波の進行とともに螺旋を描き，xy 平面上の軌跡が楕円になることがわかる．このような光は，楕円偏光 (elliptically polarized light) とよばれる．

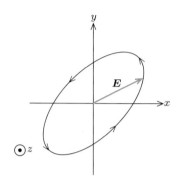

図 11.3　楕円偏光

楕円偏光の特別な場合として，図 11.3 の楕円がちょうど円になる場合を考えよう．その条件は，$E_x = E_y = E_0$，$\theta_2 - \theta_1 = \pm\pi/2$ である．このとき，

$$\begin{aligned} E_x(z,t) &= E_0 \cos(k_z z - \omega t) \\ E_y(z,t) &= \pm E_0 \sin(k_z z - \omega t) \end{aligned} \tag{11.33}$$

と書ける．この波を z 軸方向から見ると，電場の振幅の軌跡は円を描くことになる．このような偏光状態を円偏光 (circular polarized light) とよぶ．ここで，式 (11.33) の第 2 式の複号は軌跡の回転方向を表している．一般に，このような光の偏光特性によって生じる円偏光は，光や電磁波の角運動量と関係していて，ヘリシティー (helicity) とよばれている．このヘリシティーの性質は，光や電磁波を制御するときに重要な概念になっているが，詳細は他書にゆずることにする．

 演習問題

11.1　z 軸方向に伝わる電磁波のエネルギー密度の平均値 $\overline{u}$ とポインティングベクトルの平均値 $\overline{\boldsymbol{S}}$ には，$\overline{\boldsymbol{S}} = c\overline{u}\boldsymbol{e}_3$ なる関係があることを示せ．ただし，電場の振幅を $\boldsymbol{E}_0 = E_0\boldsymbol{e}_1$ とし，c は光速度，$\boldsymbol{e}_1, \boldsymbol{e}_2, \boldsymbol{e}_3$ は，x, y, z 軸方向の単位ベクトルとする．

11.2　電場 $\boldsymbol{E}$ と磁束密度 $\boldsymbol{B}$ は，式 (10.29) を用いて，電磁ポテンシャル $\boldsymbol{A}, \phi$ から求める

ことができるが，電磁ポテンシャルにはいつでも積分定数の分だけ任意性が存在する．任意のスカラー関数 $\chi_0(\boldsymbol{r},t)$ を用いて，

$$\boldsymbol{A}'(\boldsymbol{r},t) = \boldsymbol{A}(\boldsymbol{r},t) + \nabla \chi_0(\boldsymbol{r},t)$$

$$\phi'(\boldsymbol{r},t) = \phi(\boldsymbol{r},t) - \frac{\partial}{\partial t}\chi_0(\boldsymbol{r},t)$$

のように電磁ポテンシャルを書き換えても，電場 $\boldsymbol{E}$ と磁束密度 $\boldsymbol{B}$ は変化しないことを示せ．

　電磁ポテンシャルには，任意関数 χ_0 の不定性がある．このような不定性による変形を 1 種の変換と考えて，ゲージ変換 (gauge transformation) という．

11.3　演習問題 11.2 の変換を行っても，$\chi_0(\boldsymbol{r},t)$ が条件 $c^2\nabla^2\chi_0 - \partial^2\chi_0/\partial t^2 = 0$ を満たすと，電磁ポテンシャルの方程式

$$\nabla^2\boldsymbol{A}(\boldsymbol{r},t) - \frac{1}{c^2}\frac{\partial^2\boldsymbol{A}(\boldsymbol{r},t)}{\partial t^2} = -\mu_0\boldsymbol{j}(\boldsymbol{r},t)$$

$$\nabla^2\phi(\boldsymbol{r},t) - \frac{1}{c^2}\frac{\partial^2\phi(\boldsymbol{r},t)}{\partial t^2} = -\frac{\rho(\boldsymbol{r},t)}{\varepsilon_0}$$

$$\nabla\cdot\boldsymbol{A}(\boldsymbol{r},t) + \frac{1}{c^2}\frac{\partial\phi(\boldsymbol{r},t)}{\partial t} = 0$$

が不変であることを示せ．

　最後の式は，ローレンツ条件 (Lorenz condition) とよばれている．これらの式がマックスウェル方程式と等価であることは，第 10 章の演習問題 10.4 で確認している．

11.4　自由電磁場 $(\rho(\boldsymbol{r},t) = 0,\ \boldsymbol{j}(\boldsymbol{r},t) = 0)$ では，$\chi_0(\boldsymbol{r},t)$ の条件として，$\partial\chi_0/\partial t = \phi$ が満たされると，いつでも $\phi = 0$ にとることができる．すなわち，

$$\nabla^2\boldsymbol{A}(\boldsymbol{r},t) - \frac{1}{c^2}\frac{\partial^2\boldsymbol{A}(\boldsymbol{r},t)}{\partial t^2} = 0, \quad \nabla\cdot\boldsymbol{A}(\boldsymbol{r},t) = 0$$

であることを示せ．また，この関係式から自由電磁波の電場 $\boldsymbol{E}$ と磁束密度 $\boldsymbol{B}$ が横波であることを示せ．

コラム 5：電磁波の予言者

電磁気学の歴史の中で，マックスウェル (J. C. Maxwell) が 1864 年に電磁気学の基礎方程式であるマックスウェル方程式を完成し，その翌年に「電磁場の動力学的理論」という論文の中で，電磁波の存在と，それが伝わる速度を予言したことはよく知られている．さらに，ドイツのヘルツは火花放電を利用した実験装置を工夫し，1888 年に電場と磁場が横波になって有限の速度で空間を伝わることを実証した．電磁波の予言から，23 年が必要であった．

一方，電磁波は電場と磁場が影響し合いながら伝わる波なので，この電磁波とファラデーの電磁誘導の法則は密接に関係している．第 9 章で説明したように，ファラデーは 1831 年に電磁誘導の法則を発見しているが，どうもそのとき，電磁作用が波となって有限の速度で伝わるという結論に達していたらしいのである．

電磁誘導の発見の翌年，ファラデーはロンドンの王立協会に「王立協会の記録保管所に現在のところ保管されるべき新しい見解」と書かれ封印された封書を持ち込んだ．それから 106 年後の 1938 年に，多くの英国の科学者たちが見守る中でこの封書が開封された．その封書の中には次のようなことが書かれていた．「私は次の結論に達した．つまり，電磁作用の伝播には，明らかにきわめてわずかとなる時間が要求される．私はまた，電磁誘導もまったく同じようにして伝わると考えている．私は磁極からの磁力線の伝播は，波だった水面の振動に似ていると考えるのである．・・・この類推によって私は，電磁誘導の伝播に振動理論を適用することが可能だと考えている．」

ファラデーは，マックスウェルの予言よりも 33 年も前に，誘導現象が空間をある有限の速度で，しかも波の形で伝わることをはっきり頭に描いていたことになる．当時の実験技術では，電磁波の実験的検証が難しいと考えたファラデーがこのような封印された手紙を残したのではないかと推測される．物理学の歴史では，マックスウェル方程式によって電磁気学が完成されたいう見方が一般的であるが，このことを知ると，ファラデーによる電磁波の予測によって電磁気学の骨格が完成したと解釈することができるかもしれない．

参考文献：小山慶太 著『ファラデーが生きたイギリス』日本評論社.
V. P. カルツェフ 著，早川光雄・金田一真澄 訳『マクスウェルの生涯』東京図書.

A ベクトル解析入門

電磁気学を学ぶためにベクトル解析の知識は必要不可欠である．そのため，第1章でベクトル解析の要点について復習の意味を込めて概説した．付録Aでは，初めてベクトル解析を学ぶ読者のために，ベクトル解析入門として基礎的な事柄を簡単にまとめておく．

A.1 ベクトルの定義

物理学で使われるベクトルは，座標と強く結びついている．たとえば，座標変換で座標を回転させたとき，ベクトルはそれと無関係ではありえない．このようなベクトルは，物理学では，以下のように定義される．

最初に3次元空間の座標 (x, y, z) を考えて，この座標を x_i $(i = 1, 2, 3)$ と書くことにする．座標変換による座標の回転や反転については，その変換行列を T_{ij} と書くことにする．これによって，変換後の座標 x_i' は，

$$x_i' = \sum_{j=1}^{3} T_{ij} x_j = T_{ij} x_j \tag{A.1}$$

と書ける†．もし A_i $(i = 1, 2, 3)$ という物理量の組が座標と同様に A_i' に変換される場合，すなわち，

$$A_i' = T_{ij} A_j \tag{A.2}$$

と書けるとき，その量をベクトルと定義する．

物理学では，このように定義されるベクトルを極性ベクトル (polar vector) とよぶ．このような考え方を導入すると，スカラー量は，座標の回転や反転に対して値を変えないものとして定義できる．上の極性ベクトルの定義を用いると，極性ベクトルの内積はスカラーであることも確認できる．さらに，このようにベクトルやスカラーを定義すると，座標変換で値の変わるベクトルの成分と，変化しないスカラー量とは，明

---

† 式 (A.1) では，$\sum$ 記号の中に和をとる添字 j が2回現れるので，$\sum$ 記号を省略した．このような標記方法をアインシュタインの和の規約という．

らかに種類の違う量であることも容易に理解できる.

　多くの書籍では, ベクトルは太文字 $\boldsymbol{A}$ で表されている. 本書でもこれを採用する. そのベクトルの大きさは, 細文字 $A = |\boldsymbol{A}|$ で表すことにする. もっとも簡単なベクトル成分の表現方法は, すでに述べているように, ベクトルをデカルト座標の成分 (A_x, A_y, A_z) で表すことである. いま, x, y, z 軸方向の単位ベクトルを $\boldsymbol{e}_x, \boldsymbol{e}_y, \boldsymbol{e}_z$ と表すと, ベクトル $\boldsymbol{A}$ は,

$$\boldsymbol{A} = A_x \boldsymbol{e}_x + A_y \boldsymbol{e}_y + A_z \boldsymbol{e}_z \tag{A.3}$$

と表現できる. ベクトル $\boldsymbol{A}$ と平行な単位ベクトル $\boldsymbol{t}$ を用いると

$$\boldsymbol{A} = A\boldsymbol{t} \tag{A.4}$$

と書くこともできる.

A.2　ベクトルの内積と外積

　2 つのベクトル $\boldsymbol{A}$ と $\boldsymbol{B}$ があるとき, それらの積として, 内積 (scalar product) と外積 (vector product) が定義できる. 内積は $\boldsymbol{A} \cdot \boldsymbol{B}$ のように表され, 2 つのベクトルのなす角 θ を用いて以下のように定義される.

$$\boldsymbol{A} \cdot \boldsymbol{B} = AB\cos\theta \tag{A.5}$$

図 A.1 のように, これはベクトル $\boldsymbol{A}$ から $\boldsymbol{B}$ (またはその逆) への射影成分の積である. 2 つのベクトルが力と変位を表しているときには, 変位方向にはたらく力と変位の積, すなわち仕事が計算できる. 当然, 内積の結果はスカラー量を与える. 交換則 $\boldsymbol{A} \cdot \boldsymbol{B} = \boldsymbol{B} \cdot \boldsymbol{A}$ も成り立つ.

　ベクトルが成分で与えられている場合の内積の計算は, $\boldsymbol{e}_x, \boldsymbol{e}_y, \boldsymbol{e}_z$ に対する演算規則がわかれば容易に導出できる.

$$\boldsymbol{e}_x \cdot \boldsymbol{e}_x = \boldsymbol{e}_y \cdot \boldsymbol{e}_y = \boldsymbol{e}_z \cdot \boldsymbol{e}_z = 1, \quad \boldsymbol{e}_x \cdot \boldsymbol{e}_y = \boldsymbol{e}_y \cdot \boldsymbol{e}_z = \boldsymbol{e}_z \cdot \boldsymbol{e}_x = 0 \tag{A.6}$$

ここで, $\boldsymbol{e}_x, \boldsymbol{e}_y, \boldsymbol{e}_z$ がすべて直交していることを使った. これにより,

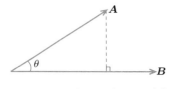

図 A.1　ベクトル $\boldsymbol{A}$ と $\boldsymbol{B}$ の内積

$$\boldsymbol{A} \cdot \boldsymbol{B} = A_x B_x + A_y B_y + A_z B_z \tag{A.7}$$

となる. さらに, 同じベクトルの内積 $\boldsymbol{A} \cdot \boldsymbol{A}$ は,

$$\boldsymbol{A} \cdot \boldsymbol{A} = A_x^2 + A_y^2 + A_y^2 = A^2 \tag{A.8}$$

と書けて, ベクトルの大きさの 2 乗を与えることもわかる.

　外積は $\boldsymbol{A} \times \boldsymbol{B}$ のように表され, 2 つのベクトルのなす角 θ を用いて,

$$\boldsymbol{A} \times \boldsymbol{B} = (AB \sin \theta)\boldsymbol{n} \tag{A.9}$$

と定義される. ここでベクトル $\boldsymbol{n}$ は, **図 A.2** に示すように, $\boldsymbol{A}$ と $\boldsymbol{B}$ がつくる面の法線ベクトルで, その向きは右ネジが進む向きである. 外積の大きさ $AB \sin \theta$ は, ベクトル $\boldsymbol{A}$ と $\boldsymbol{B}$ によってつくられる平行四辺形の面積を表している. 当然, 外積の結果はベクトル[†] であり, $\boldsymbol{n}$ の向きの違いがあるので, $\boldsymbol{A} \times \boldsymbol{B} = -\boldsymbol{B} \times \boldsymbol{A}$ となる.

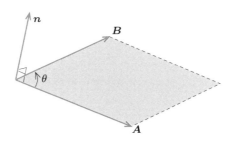

図 A.2　ベクトル $\boldsymbol{A}$ と $\boldsymbol{B}$ の外積

　ベクトルが成分で与えられている場合の外積の計算は, 内積のときと同様に, $\boldsymbol{e}_x, \boldsymbol{e}_y, \boldsymbol{e}_z$ に対する演算規則から容易に導出できる.

$$\boldsymbol{e}_x \times \boldsymbol{e}_x = \boldsymbol{e}_y \times \boldsymbol{e}_y = \boldsymbol{e}_z \times \boldsymbol{e}_z = 0$$

$$\boldsymbol{e}_x \times \boldsymbol{e}_y = \boldsymbol{e}_z, \quad \boldsymbol{e}_y \times \boldsymbol{e}_z = \boldsymbol{e}_x, \quad \boldsymbol{e}_z \times \boldsymbol{e}_x = \boldsymbol{e}_y \tag{A.10}$$

であるので, 次のように書ける.

$$
\begin{aligned}
\boldsymbol{A} \times \boldsymbol{B} &= (A_x \boldsymbol{e}_x + A_y \boldsymbol{e}_y + A_z \boldsymbol{e}_z) \times (B_x \boldsymbol{e}_x + B_y \boldsymbol{e}_y + B_z \boldsymbol{e}_z) \\
&= (A_y B_z - A_z B_y)\boldsymbol{e}_x + (A_z B_x - A_x B_z)\boldsymbol{e}_y + (A_x B_y - A_y B_x)\boldsymbol{e}_z \\
&= \begin{vmatrix} \boldsymbol{e}_x & \boldsymbol{e}_y & \boldsymbol{e}_z \\ A_x & A_y & A_z \\ B_x & B_y & B_z \end{vmatrix}
\end{aligned} \tag{A.11}
$$

---

† 外積で表されるベクトルは, 軸性ベクトルとよばれる. 詳細は A.3 節参照.

(A.3) 極性ベクトルと軸性ベクトル

A.1 節では極性ベクトルを定義し，A.2 節で外積を説明した．しかし，外積で表されるベクトルは，極性ベクトルではなく，軸性ベクトルとよばれている．電磁気学で，これらは電場と磁場の違いに対応している．以下では，極性ベクトルと軸性ベクトルについて解説する．

極性ベクトルは，式 (A.2) で定義される．電磁気学に限らず，位置ベクトル r，速度 v，電場 E など，物理学で現れる多くのベクトルは，この極性ベクトル (polar vector) である．次に，空間反転について考えよう．空間を反転すると，座標 (x, y, z) は $(x', y', z') = (-x, -y, -z)$ と変換されるので，極性ベクトル A は当然，変換後 $A' = -A$ になる．空間が反転すればベクトルの向きが反対になることは，常識的であると思われる．しかしながら，このようにならないベクトルが存在するのである．

A.2 節では，ベクトルの外積を説明した．2 つの極性ベクトルの積として定義される外積はベクトルを与える．そのベクトルの方向は，外積に用いた 2 つのベクトルのどちらにも垂直な方向になる．2 つの方向を決めると，それらに垂直な方向が一意に決まるのは 3 次元空間の性質なので，ベクトルの外積は，3 次元空間でしか定義できない演算ということになる[†]．このことからも，外積で定義されるベクトルは，上で定義した極性ベクトルとは違った性質をもつことが予見できる．

いま，2 つの極性ベクトル A と B の外積で定義されるベクトル C を考えよう．これに，空間反転の変換を作用させてみる．変換後のベクトルを C' とすると，$C' = (-A) \times (-B) = A \times B = C$ となって，極性ベクトルの変換規則を満たさない．このように極性ベクトルの外積で定義されるベクトルは，明らかに極性ベクトルとは違ったもので，軸性ベクトル (axial vector) とよばれている．

重要なことは，これが単なる数学の問題ではなくて，電磁気学に関係していることである．電場 E や分極 P は極性ベクトルであるのに対して，磁束密度 B や磁化 M は軸性ベクトルである．これは，磁束密度がビオ–サバールの法則により外積を用いて定義されるということを思い出せば明らかである（ビオ–サバールの法則については，7.2.2 項参照）．もしそうであれば，磁石の N 極と S 極を反転させることは，空間反転とは関係ないことになる（空間を反転させても磁化ベクトルは反転しない）．第 8 章で述べたように，磁化は原子レベルの小さな回転電流が担っている．したがって，磁化を反転させるには，空間反転させるのではなく，この回転電流を逆転させる必要

[†] 一般の n 次元で外積に対応する概念は，2 階反対称テンソルとよばれるものである．3 次元空間では，レビ・チビタ記号による 2 階反対称テンソルの縮約が外積になる．

があり，これには時間反転させることが対応しているのである．電磁気学では，電場と磁場はときには類似の性質を示すこともあるが，対称性の観点からは，その本質はまったく別のものと考えるべきかもしれない．

(A.4) ベクトルの線積分，表面積分，体積積分

ベクトルの積分の中で，電磁気学でよく使われる線積分，表面積分，体積積分について解説する．最初に，線積分を考えよう．**図 A.3** に示すように，3 次元空間内で，点 A (x_A, y_A, z_A) から点 B (x_B, y_B, z_B) に経路 l に沿って，場所に依存する力 $\boldsymbol{F}(\boldsymbol{r})$ の作用のもとに，質点を移動させる場合を考える．経路上のある点の経路に沿った微小変位を d$\boldsymbol{r}$ とすると，その点での仕事は $\boldsymbol{F}(\boldsymbol{r}) \cdot \mathrm{d}\boldsymbol{r}$ となる．経路を n 個に分割すると，全仕事 W は

$$W \approx \sum_{i=1}^{n} \boldsymbol{F}(\boldsymbol{r}_i) \cdot \mathrm{d}\boldsymbol{r}_i \tag{A.12}$$

で与えられる．この分割数 n が ∞ の極限をとったものが線積分 (curvilinear integral) である．

$$W = \lim_{n \to \infty} \sum_{i=1}^{n} \boldsymbol{F}(\boldsymbol{r}_i) \cdot \mathrm{d}\boldsymbol{r}_i = \int_{\mathrm{A}}^{\mathrm{B}} \boldsymbol{F}(\boldsymbol{r}) \cdot \mathrm{d}\boldsymbol{r} \tag{A.13}$$

デカルト座標の成分で書けば，

$$\int_{\mathrm{A}}^{\mathrm{B}} \boldsymbol{F}(\boldsymbol{r}) \cdot \mathrm{d}\boldsymbol{r} = \int_{x_A}^{x_B} F_x(\boldsymbol{r}) \, \mathrm{d}x + \int_{y_A}^{y_B} F_y(\boldsymbol{r}) \, \mathrm{d}y + \int_{z_A}^{z_B} F_z(\boldsymbol{r}) \, \mathrm{d}z \tag{A.14}$$

となる．それぞれの積分の中の位置ベクトル $\boldsymbol{r}$ は，経路 l 上の値がとられる．

この線積分の始点と終点が一致し，経路が元に戻るとき，この積分を周回積分 (orbital integral) とよび，以下のように積分記号に〇を付けて表す．

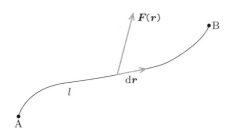

図 **A.3** 点 A と点 B の途中の点の仕事

$$\oint \boldsymbol{F}(\boldsymbol{r}) \cdot \mathrm{d}\boldsymbol{r} \tag{A.15}$$

この積分が仕事を表すとき，条件

$$\oint \boldsymbol{F}(\boldsymbol{r}) \cdot \mathrm{d}\boldsymbol{r} = 0 \tag{A.16}$$

は，どのような経路を通って仕事がなされても元の位置に戻るとゼロになることを示している．この式 (A.16) を満たすような力を保存力 (conservative force) という．

　次に，ベクトル場の表面積分を考えよう．もしベクトル場が流体の流れ密度の場 $\boldsymbol{j}(\boldsymbol{r})$ であれば，この積分によって，ある大きさをもった領域から外部に流れ出る流れの総量を知ることができる．ここで，流れ密度 $\boldsymbol{j}(\boldsymbol{r})$ は，ある場所で流れに垂直な単位断面積あたりの流れとして定義される．図 **A.4** のように，閉曲面 S で囲まれた領域の内部から外部に流れ出る流れの総量を求める場合，表面に沿ってそれぞれの場所の流出量を足し合わせればよい．閉曲面上のある点の面積要素 $\mathrm{d}S$ を通って流出する量は，面積要素の法線ベクトルを $\boldsymbol{n}$ とすると，$\boldsymbol{j}(\boldsymbol{r}) \cdot \boldsymbol{n}(\boldsymbol{r})\, \mathrm{d}S$ となる．ここで，法線ベクトル $\boldsymbol{n}$ は閉曲面の外側に向くベクトルとする．閉曲面を n 個に分割すると，単位時間あたりの全流出量 Q は，

$$Q \approx \sum_{i=1}^{n} \boldsymbol{j}(\boldsymbol{r}_i) \cdot \boldsymbol{n}(\boldsymbol{r}_i)\, \mathrm{d}S_i \tag{A.17}$$

で与えられる．この分割数 n が ∞ の極限をとったものが表面積分 (surface integral) である．

$$Q = \lim_{n \to \infty} \sum_{i=1}^{n} \boldsymbol{j}(\boldsymbol{r}_i) \cdot \boldsymbol{n}(\boldsymbol{r}_i)\, \mathrm{d}S_i = \int_S \boldsymbol{j}(\boldsymbol{r}) \cdot \boldsymbol{n}(\boldsymbol{r})\, \mathrm{d}S \tag{A.18}$$

この面積要素 $\mathrm{d}S$ は，デカルト座標で書くと $\mathrm{d}x\mathrm{d}y,\, \mathrm{d}y\mathrm{d}z,\, \mathrm{d}z\mathrm{d}x$ などであるので，具体的に与えられた関数を積分するときには，2 重積分を行うことになる．

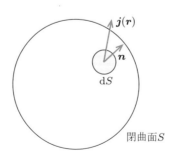

図 A.4　閉曲面 S 上の微小面積 $\mathrm{d}S$ からの流出量

　最後に，スカラー場の体積積分を考えよう．たとえば質量の密度 $\rho(\boldsymbol{r})$ のスカラー場があるとする．**図 A.5** のように，閉曲面で囲まれた領域 V の内部に存在する全質量を求めたいとする．領域内のある点の体積要素 $\mathrm{d}V$ の質量は，$\rho(\boldsymbol{r})\mathrm{d}V$ となる．この領域 V を n 個に分割すると，全質量 M は

$$M \approx \sum_{i=1}^{n} \rho(\boldsymbol{r}_i)\,\mathrm{d}V_i \tag{A.19}$$

で与えられる．この分割数 n が ∞ の極限をとったものが体積積分 (volume integral) である．

$$M = \lim_{n \to \infty} \sum_{i=1}^{n} \rho(\boldsymbol{r}_i)\,\mathrm{d}V_i = \int_V \rho(\boldsymbol{r})\,\mathrm{d}V \tag{A.20}$$

この体積要素 $\mathrm{d}V$ は，デカルト座標で書くと $\mathrm{d}x\mathrm{d}y\mathrm{d}z$ であるので，具体的に与えられた関数を積分するときには，3 重積分を行うことになる．

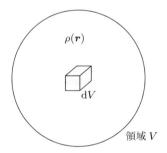

図 A.5　閉曲面 S 内の微小体積 $\mathrm{d}V$ の質量

参 考 文 献

ベクトル解析

[1] 石原繁：『ベクトル解析』裳華房 (1985).

[2] スピーゲル：『ベクトル解析』オーム社 (1995).

[3] アルフケン：『基礎物理数学 1 ベクトル・テンソルと行列』講談社 (1977).

電磁気学

[4] 長岡洋介：物理入門コース『電磁気学 I, II』岩波書店 (1983).

[5] 中山正敏：『電磁気学』裳華房 (1986).

[6] ファインマン，レイトン，サンズ：『ファインマン物理学 III 電磁気学』岩波書店 (1979).

[7] ゾンマーフェルト：『理論物理学講座 III 電磁気学』講談社 (1969).

[8] 砂川重信：『理論電磁気学 第 3 版』紀伊国屋書店 (1999).

[9] ジャクソン：『電磁気学 第 3 版（上・下）』吉岡書店 (2003).

[10] 高橋秀俊：『電磁気学』裳華房 (1959).

[11] ランダウ，リフシッツ：『理論物理学教程 電磁気学 1, 2』東京図書 (1962).

[12] ランダウ，リフシッツ：『理論物理学教程 場の古典論』東京図書 (1978).

[13] 佐藤文隆，北野正雄：『新 SI 単位と電磁気学』岩波書店 (2018).

演習問題解答

第 1 章

1.1 **図 S1.1** で与えられた小さな立方体に対する表面積分を考える．いま，この領域の体積は $V = \delta x \delta y \delta z$ である．x 軸に垂直な 2 つの面の積分は，それぞれの面内でベクトルの値は変化しないと考える．yz 面では，面積 $S_x = \delta y \delta z$ なので

$$\int_{S_x} A_x(\boldsymbol{r}) n_x(\boldsymbol{r}) \, \mathrm{d}S = [A_x(x + \delta x, y, z) - A_x(x, y, z)] \delta y \delta z$$

となる．右辺第 2 項の負号は，2 つの面の法線ベクトルが反対方向に向いていることによる．この式から，

$$\int_{S_x} A_x(\boldsymbol{r}) n_x(\boldsymbol{r}) \, \mathrm{d}S = \frac{\partial A_x}{\partial x} \delta x \delta y \delta z$$

が得られる．y, z 成分も同様にして，$S_y = \delta z \delta x, S_z = \delta x \delta y$ とすると

$$\int_{S_y} A_y(\boldsymbol{r}) n_y(\boldsymbol{r}) \, \mathrm{d}S = \frac{\partial A_y}{\partial y} \delta x \delta y \delta z$$

$$\int_{S_z} A_z(\boldsymbol{r}) n_z(\boldsymbol{r}) \, \mathrm{d}S = \frac{\partial A_z}{\partial z} \delta x \delta y \delta z$$

となるので，

$$\mathrm{div} \, \boldsymbol{A} = \lim_{V \to 0} \frac{1}{V} \int_S \boldsymbol{A} \cdot \boldsymbol{n} \, \mathrm{d}S = \frac{\partial A_x}{\partial x} + \frac{\partial A_y}{\partial y} + \frac{\partial A_z}{\partial z}$$

が得られる．したがって，両者の定義は等価である．

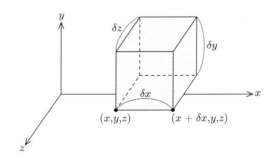

図 S1.1　デカルト座標内の立方体

1.2 **図 S1.2** に示すような xy 平面内の小さな閉じた経路を考える．いま，経路で囲まれた領域の面積は $S = \delta x \delta y$ である．この経路に沿って，式 (1.14) の積分を計算する．面積が十分小さいとき，それぞれの辺上で，ベクトルの値は変化しないと考えると，

$$\oint_{xy \text{ 面}} \boldsymbol{A} \cdot \mathrm{d}\boldsymbol{r} = A_x(x, y)\delta x + A_y(x + \delta x, y)\delta y - A_x(x, y + \delta y)\delta x - A_y(x, y)\delta y$$

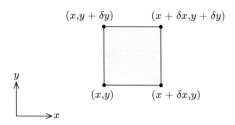

図 S1.2 yz 平面内の四角形

$$= \frac{A_y(x+\delta x, y) - A_y(x,y)}{\delta x}\delta x \delta y - \frac{A_x(x, y+\delta y) - A_x(x,y)}{\delta y}\delta x \delta y$$

$$= \left(\frac{\partial A_y}{\partial x} - \frac{\partial A_x}{\partial y}\right)\delta x \delta y$$

となる. この式から,

$$\lim_{S \to 0}\frac{1}{S}\oint_{xy\,面}\boldsymbol{A}\cdot\mathrm{d}\boldsymbol{r} = \frac{\partial A_y}{\partial x} - \frac{\partial A_x}{\partial y}$$

が得られる. 同様に, yz と zx 面では,

$$\lim_{S \to 0}\frac{1}{S}\oint_{yz\,面}\boldsymbol{A}\cdot\mathrm{d}\boldsymbol{r} = \frac{\partial A_z}{\partial y} - \frac{\partial A_y}{\partial z}, \quad \lim_{S \to 0}\frac{1}{S}\oint_{zx\,面}\boldsymbol{A}\cdot\mathrm{d}\boldsymbol{r} = \frac{\partial A_x}{\partial z} - \frac{\partial A_z}{\partial x}$$

が得られる. したがって, 両者の定義は等価である.

1.3 (a) $\nabla\cdot(\boldsymbol{A}\times\boldsymbol{B}) = \dfrac{\partial}{\partial x}(A_yB_z - A_zB_y) + \dfrac{\partial}{\partial y}(A_zB_x - A_xB_z) + \dfrac{\partial}{\partial z}(A_xB_y - A_yB_x)$

$$= B_x\left(\frac{\partial A_z}{\partial y} - \frac{\partial A_y}{\partial z}\right) + B_y\left(\frac{\partial A_x}{\partial z} - \frac{\partial A_z}{\partial x}\right) + B_z\left(\frac{\partial A_y}{\partial x} - \frac{\partial A_x}{\partial y}\right)$$

$$- A_x\left(\frac{\partial B_z}{\partial y} - \frac{\partial B_y}{\partial z}\right) - A_y\left(\frac{\partial B_x}{\partial z} - \frac{\partial B_z}{\partial x}\right) - A_z\left(\frac{\partial B_y}{\partial x} - \frac{\partial B_x}{\partial y}\right)$$

$$= \boldsymbol{B}\cdot(\nabla\times\boldsymbol{A}) - \boldsymbol{A}\cdot(\nabla\times\boldsymbol{B})$$

(b) $\nabla\times(\nabla\times\boldsymbol{A})|_x = \dfrac{\partial}{\partial y}(\nabla\times\boldsymbol{A}|_z) - \dfrac{\partial}{\partial z}(\nabla\times\boldsymbol{A}|_y)$

$$= \frac{\partial}{\partial y}\left(\frac{\partial A_y}{\partial x} - \frac{\partial A_x}{\partial y}\right) - \frac{\partial}{\partial z}\left(\frac{\partial A_x}{\partial z} - \frac{\partial A_z}{\partial x}\right)$$

$$= \frac{\partial}{\partial x}\left(\frac{\partial A_x}{\partial x} + \frac{\partial A_y}{\partial y} + \frac{\partial A_z}{\partial z}\right) - \left(\frac{\partial^2}{\partial x^2} + \frac{\partial^2}{\partial y^2} + \frac{\partial^2}{\partial z^2}\right)A_x$$

$$= \nabla(\nabla\cdot\boldsymbol{A})|_x - \nabla^2\boldsymbol{A}|_x$$

y 成分と z 成分も同様に導かれる (計算は省略).

$$\therefore \nabla\times(\nabla\times\boldsymbol{A}) = \nabla(\nabla\cdot\boldsymbol{A}) - \nabla^2\boldsymbol{A}$$

1.4 $\nabla\cdot\boldsymbol{r} = \dfrac{\partial x}{\partial x} + \dfrac{\partial y}{\partial y} + \dfrac{\partial z}{\partial z} = 3$

$$\nabla\times\boldsymbol{r} = \left(\frac{\partial z}{\partial y} - \frac{\partial y}{\partial z}\right)\boldsymbol{e}_x + \left(\frac{\partial x}{\partial z} - \frac{\partial z}{\partial x}\right)\boldsymbol{e}_y + \left(\frac{\partial y}{\partial x} - \frac{\partial x}{\partial y}\right)\boldsymbol{e}_z = 0$$

1.5　3点からつくられるベクトル $\boldsymbol{A} = (a, 0, -c)$ と $\boldsymbol{B} = (0, b, -c)$ は平面内に存在する．平面の法線ベクトルは，次のように与えられる．

$$\boldsymbol{A} \times \boldsymbol{B} = (bc, ac, ab)$$

一般に，(α, β, γ) に垂直で，点 (x_0, y_0, z_0) を含む平面の方程式は，

$$\alpha(x - x_0) + \beta(y - y_0) + \gamma(z - z_0) = 0$$

で与えられる．いまの場合，$bc(x - a) + acy + abz = 0$ となり，次のように求められる．

$$\frac{x}{a} + \frac{y}{b} + \frac{z}{c} = 1$$

第2章

2.1　**図 S2.1** に示すように，距離 AX と BX は，どちらも $\sqrt{x^2 + d^2}$ で与えられる．点 X の電荷が点 A，B の電荷から受ける力の方向は，それぞれ，$(x, 0, d)$ と $(x, 0, -d)$ となる．したがって，

$$\boldsymbol{F}_{\mathrm{AX}} = \frac{Q_1 Q_2}{4\pi\varepsilon_0 (x^2 + d^2)^{3/2}} (x, 0, d)$$

$$\boldsymbol{F}_{\mathrm{BX}} = \frac{Q_1 Q_2}{4\pi\varepsilon_0 (x^2 + d^2)^{3/2}} (x, 0, -d)$$

であり，$\boldsymbol{F}_{\mathrm{AX}}$ と $\boldsymbol{F}_{\mathrm{BX}}$ を重ね合わせると

$$\boldsymbol{F} = \frac{Q_1 Q_2}{2\pi\varepsilon_0 (x^2 + d^2)^{3/2}} (x, 0, 0)$$

となる．点 X 上では，x 軸方向に力がはたらくことがわかる．F_x の概形は，**図 S2.2** のようになる．

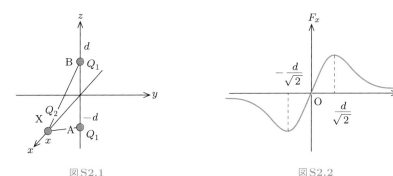

図 S2.1　　　　　　　　　　　　　　　　　　図 S2.2

2.2　**図 S2.3** のように，線に沿って原点 O から距離 s の点 S 近傍の微小領域（長さ Δs）が，直線から距離 r の点につくる電場 ΔE_r を考える．

$$\Delta E_r = \frac{\lambda \Delta s}{4\pi\varepsilon_0} \cdot \frac{\cos\theta}{r^2 + s^2} \quad \text{ここで，} \quad \cos\theta = \frac{r}{\sqrt{r^2 + s^2}}$$

これを $-\infty$ から ∞ まで足し合わせればよい．

$$E_r = \frac{\lambda}{4\pi\varepsilon_0} \cdot \int_{-\infty}^{\infty} \frac{\cos\theta\, ds}{r^2 + s^2}$$

変数変換 $s = r\tan\theta$ より，$\mathrm{d}s = r\sec^2\theta\mathrm{d}\theta$ を用いると，次のようになる．

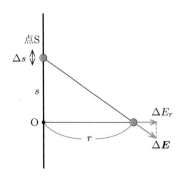

図S2.3

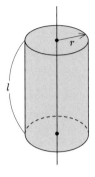

図S2.4

$$E_r = \frac{\lambda}{4\pi\varepsilon_0 r} \cdot \int_{-\pi/2}^{\pi/2} \cos\theta\,\mathrm{d}\theta = \frac{\lambda}{2\pi\varepsilon_0 r}$$

2.3 図S2.4 のような半径 r 長さ l の円筒形の領域にガウスの法則を適用する．系の対称性を考慮すると，

$$2\pi r l E_r = \frac{\lambda l}{\varepsilon_0} \quad \therefore E_r = \frac{\lambda}{2\pi\varepsilon_0 r}$$

と求められる．

2.4 一様に帯電した球の中心からの距離を r として，球の内部と外部を分けて考える．

(i) $r > a$（球の外部）のとき

半径 r の球にガウスの法則を適用する．

$$4\pi r^2 E_r = \frac{4\pi a^3 \rho}{3\varepsilon_0} \quad \therefore E_r = \frac{a^3 \rho}{3\varepsilon_0 r^2}$$

(ii) $r \leq a$（球の内部）のとき

半径 r の球にガウスの法則を適用する．

$$4\pi r^2 E_r = \frac{4\pi r^3 \rho}{3\varepsilon_0} \quad \therefore E_r = \frac{\rho}{3\varepsilon_0} r$$

2.5 図S2.5(a), (b) に，それぞれ電気双極子と電気四重極子の電気力線を示す．

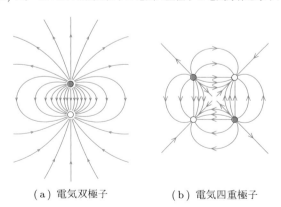

（a）電気双極子　　　　（b）電気四重極子

図S2.5

第 3 章

3.1　$\triangle = \nabla \cdot \nabla = \left(\boldsymbol{e}_r \dfrac{\partial}{\partial r} + \boldsymbol{e}_\theta \dfrac{1}{r} \cdot \dfrac{\partial}{\partial \theta} + \boldsymbol{e}_\phi \dfrac{1}{r \sin \theta} \cdot \dfrac{\partial}{\partial \phi} \right)$

$\qquad\qquad\quad \cdot \left(\boldsymbol{e}_r \dfrac{\partial}{\partial r} + \boldsymbol{e}_\theta \dfrac{1}{r} \cdot \dfrac{\partial}{\partial \theta} + \boldsymbol{e}_\phi \dfrac{1}{r \sin \theta} \cdot \dfrac{\partial}{\partial \phi} \right)$

$\qquad\quad = \dfrac{\partial^2}{\partial r^2} + \dfrac{1}{r} \cdot \dfrac{\partial}{\partial r} + \dfrac{1}{r^2} \cdot \dfrac{\partial^2}{\partial \theta^2} + \dfrac{1}{r} \cdot \dfrac{\partial}{\partial r} + \dfrac{\cos \theta}{r^2 \sin \theta} \cdot \dfrac{\partial}{\partial \theta} + \dfrac{1}{r^2 \sin^2 \theta} \cdot \dfrac{\partial^2}{\partial \phi^2}$

$\qquad \therefore \triangle = \dfrac{1}{r^2} \cdot \dfrac{\partial}{\partial r} \left(r^2 \dfrac{\partial}{\partial r} \right) + \dfrac{1}{r^2 \sin \theta} \cdot \dfrac{\partial}{\partial \theta} \left(\sin \theta \dfrac{\partial}{\partial \theta} \right) + \dfrac{1}{r^2 \sin^2 \theta} \cdot \dfrac{\partial^2}{\partial \phi^2}$

3.2　y と z 方向には電荷は一様で，x 方向だけに変化しているとして，ポアッソン方程式を計算する．

$$\rho(x) = -\varepsilon_0 \frac{\partial^2 \phi}{\partial x^2} = -\frac{4\varepsilon_0 V_0}{9d^2} \left(\frac{x}{d} \right)^{-2/3}$$

3.3　静電ポテンシャルのラプラシアンを順に計算する．

$$\frac{\partial \phi}{\partial x} = \frac{1}{4\pi\varepsilon_0} \left[\frac{\mu_x r^3 - 3(\boldsymbol{\mu} \cdot \boldsymbol{r})x r}{r^6} \right] = \frac{1}{4\pi\varepsilon_0} \left[\frac{\mu_x}{r^3} - \frac{3(\boldsymbol{\mu} \cdot \boldsymbol{r})x}{r^5} \right]$$

$$\frac{\partial^2 \phi}{\partial x^2} = \frac{1}{4\pi\varepsilon_0} \left[-\frac{6\mu_x x + 3(\boldsymbol{\mu} \cdot \boldsymbol{r})}{r^5} + \frac{15(\boldsymbol{\mu} \cdot \boldsymbol{r})x^2}{r^7} \right]$$

同様に微分を計算する．

$$\frac{\partial^2 \phi}{\partial y^2} = \frac{1}{4\pi\varepsilon_0} \left[-\frac{6\mu_y y + 3(\boldsymbol{\mu} \cdot \boldsymbol{r})}{r^5} + \frac{15(\boldsymbol{\mu} \cdot \boldsymbol{r})y^2}{r^7} \right]$$

$$\frac{\partial^2 \phi}{\partial z^2} = \frac{1}{4\pi\varepsilon_0} \left[-\frac{6\mu_z z + 3(\boldsymbol{\mu} \cdot \boldsymbol{r})}{r^5} + \frac{15(\boldsymbol{\mu} \cdot \boldsymbol{r})z^2}{r^7} \right]$$

$$\therefore \nabla^2 \phi = \frac{1}{4\pi\varepsilon_0} \left[-\frac{6(\boldsymbol{\mu} \cdot \boldsymbol{r}) + 9(\boldsymbol{\mu} \cdot \boldsymbol{r})}{r^5} + \frac{15(\boldsymbol{\mu} \cdot \boldsymbol{r})(x^2 + y^2 + z^2)}{r^7} \right] = 0$$

3.4　$\phi(x, y) = X(x)Y(y)$ と仮定して，2 次元ラプラス方程式に代入する．

$$\frac{1}{X(x)} \frac{\mathrm{d}^2 X(x)}{\mathrm{d}x^2} = -\frac{1}{Y(y)} \frac{\mathrm{d}^2 Y(y)}{\mathrm{d}y^2} = -\alpha^2$$

左辺が x だけの関数で，右辺が y だけの関数になっている．このようなことが起こるのは両辺が定数のときしかないので，定数（分離定数という）を $-\alpha^2$ と置く．2 つの常微分方程式の基本解は，$X(x) = \exp(\pm i\alpha x), Y(y) = \exp(\pm \alpha y)$ となる．この解のうち，ポテンシャルの境界条件を満たす解は，

$$\phi(x, y) = \sum_{n=1}^{\infty} A_n \exp \left(-\frac{n\pi y}{a} \right) \sin \left(\frac{n\pi x}{a} \right)$$

となる．係数 A_n は，境界条件 $y = 0, 0 < x < a$ で $\phi = \phi_0$ を用いると，

$$\phi_0 = \sum_{n=1}^{\infty} A_n \sin \left(\frac{n\pi x}{a} \right)$$

となり，両辺に $\sin \left(\dfrac{m\pi x}{a} \right)$ を掛けて積分すると，

$$\int_0^a \phi_0 \sin \left(\frac{m\pi x}{a} \right) dx = A_m \int_0^a \sin^2 \left(\frac{m\pi x}{a} \right) dx$$

$$\therefore A_m = \frac{\displaystyle\int_0^a \phi_0 \sin\left(\frac{m\pi x}{a}\right) dx}{\displaystyle\int_0^a \sin^2\left(\frac{m\pi x}{a}\right) dx}$$

ここで，関数の直交性を利用した．m が偶数のとき，分数の分子がゼロになることに注意して，

$$A_m = \frac{4\phi_0}{m\pi}$$

となる．以上より，次式が得られる．

$$\phi(x,y) = \sum_{m=奇数}^{\infty} \frac{4\phi_0}{m\pi} \exp\left(-\frac{m\pi y}{a}\right) \sin\left(\frac{m\pi x}{a}\right)$$

3.5 一様な電場 $\boldsymbol{E}$ のつくる静電ポテンシャルを $\phi(\boldsymbol{r})$ $(\boldsymbol{E} = -\nabla\phi)$ とする．電場中におく電気双極子モーメントを，距離 d だけ離れて存在する $-q$ と $+q$ の点電荷と考える．$\boldsymbol{d}$ の方向をマイナスからプラスの電荷に向かう方向とすると，電気双極子モーメント $\boldsymbol{\mu}$ は $\boldsymbol{\mu} = q\boldsymbol{d}$ と表すことができる．原点から双極子の中心に向かうベクトルを $\boldsymbol{r}_\mathrm{d}$ とすると，双極子の静電エネルギー U は，

$$U = q\phi\left(\boldsymbol{r}_\mathrm{d} + \frac{\boldsymbol{d}}{2}\right) - q\phi\left(\boldsymbol{r}_\mathrm{d} - \frac{\boldsymbol{d}}{2}\right)$$

と書ける．$|\boldsymbol{r}_\mathrm{d}| \gg |\boldsymbol{d}|$ とすると，

$$U = q(\nabla\phi)_{\boldsymbol{r}=\boldsymbol{r}_\mathrm{d}} \cdot \boldsymbol{d} = -\boldsymbol{\mu} \cdot \boldsymbol{E}$$

となる．

3.6 電気双極子 $\boldsymbol{\mu}$ のつくる電場を電気力線の条件式に代入する．

$$\frac{\mathrm{d}r}{2\cos\theta} = \frac{r\mathrm{d}\theta}{\sin\theta}$$

これから以下の式が得られる．

$$\frac{1}{r}\mathrm{d}r = \frac{2}{\tan\theta}\mathrm{d}\theta$$

両辺をそれぞれ積分する．

$$\log_\mathrm{e} r = \log_\mathrm{e}(\sin^2\theta) + C' \quad \therefore r = C\sin^2\theta \quad (C, C' は定数)$$

電気力線は，**図 S3.1** のように与えられる．

ちなみに，デカルト座標のときの電気力線の条件は以下の式で与えられる．

$$\frac{\mathrm{d}x}{E_x} = \frac{\mathrm{d}y}{E_y} = \frac{\mathrm{d}z}{E_z}$$

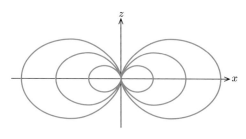

図 S3.1

第 4 章

4.1 **図 S4.1** のように，2 つの導線の単位長さあたりの電荷を $\pm\lambda$ とする．$+\lambda$ に帯電した導線の中心を原点とし，導線に垂直方向に，もう一方の導線の中心に向かう座標を x 軸とする．条件 $d \gg a$ より，それぞれの導線の断面内で電荷は表面に一様に分布していると考えられる．

　線電荷密度 λ で線状に帯電した導体のつくる電場は，導体からの距離を x とすると，ガウスの法則により，$E = \lambda/2\pi\varepsilon_0 x$ で与えられるので，x 軸上の電場 E は，

$$E = \frac{\lambda}{2\pi\varepsilon_0}\left(\frac{1}{x} + \frac{1}{d-x}\right), \quad a \leq x \leq d-a$$

2 つの導線間の電位差は，

$$V = -\int_{d-a}^{a} E\,\mathrm{d}x = \frac{\lambda}{2\pi\varepsilon_0}\int_{a}^{d-a}\left(\frac{1}{x} + \frac{1}{d-x}\right)\mathrm{d}x = \frac{\lambda}{\pi\varepsilon_0}\log_e\frac{d-a}{a}$$

となり，単位長さあたりの電気容量 C は，次のように求められる

$$C = \frac{\pi\varepsilon_0}{\log_e[(d-a)/a]} \approx \frac{\pi\varepsilon_0}{\log_e(d/a)}$$

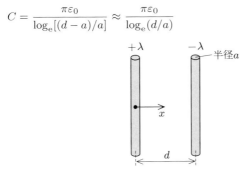

$+\lambda$　　　$-\lambda$　半径 a

x

d

図 S4.1

4.2 同軸の内側の電極に単位長さあたり電荷 λ を帯電させたとすると，$a < r < b$ の範囲で電場 $E(r)$ は，

$$E(r) = \frac{\lambda}{2\pi\varepsilon_0 r}$$

となる．したがって，半径 a, b 間の電位差 V は，

$$V = -\int_{b}^{a} E(r)\mathrm{d}r = \frac{\lambda}{2\pi\varepsilon_0}\log_e\frac{b}{a}$$

となり，単位長さあたりの電気容量 C は，次のように求められる．

$$C = \frac{\lambda}{V} = \frac{2\pi\varepsilon_0}{\log_e(b/a)}$$

4.3 導体球を接地する場合には，図 4.20 のような鏡像電荷を考えればよいので，電荷にはたらく引力 F は，引力が正になるようにとると次のように求められる．

$$F = \frac{-QQ'}{4\pi\varepsilon_0\left(r - \dfrac{a^2}{r}\right)^2} = \frac{arQ^2}{4\pi\varepsilon_0(r^2 - a^2)^2}$$

　非接地の場合には，導体球は帯電していないので，鏡像電荷の総和はゼロになる．また，球面に沿って電位が一定になる．この 2 つの条件を満たすためには，接地の場合の鏡像電荷のほかに，球の中心

に $-Q'$ の電荷を置けばよい．したがって，引力が正になるようにとると，電荷にはたらく引力 F は次のように求められる．

$$F = \frac{arQ^2}{4\pi\varepsilon_0(r^2-a^2)^2} + \frac{QQ'}{4\pi\varepsilon_0 r^2} = \frac{Q^2 a^3(2r^2-a^2)}{4\pi\varepsilon_0 r^3(r^2-a^2)^2}$$

4.4 導体の表面からの距離が x のとき，点電荷にはたらく力 F は，図 4.18 のような鏡像電荷を考えることにより，

$$F = \frac{Q^2}{4\pi\varepsilon_0(2x)^2}$$

である．無限遠方まで移動させるための仕事 W は，次のように求められる．

$$W = \int_a^\infty F\,\mathrm{d}x = \frac{Q^2}{16\pi\varepsilon_0}\int_a^\infty \frac{1}{x^2}\,\mathrm{d}x = \frac{Q^2}{16\pi\varepsilon_0 a}$$

4.5 **図 S4.2** のように，導体板 A と C は等電位なので，AB と BC 間の電場を E_1 と E_2 とすると，$E_1 d_1 = E_2 d_2$ となる．導体板 B の表面の電荷面密度を σ_1 と σ_2 とすると，$\sigma_1 = \varepsilon_0 E_1$，$\sigma_2 = \varepsilon_0 E_2$ となる．導体板 B の全電荷は Q なので，$Q/S = \sigma_1 + \sigma_2$ となる．以上より，

$$E_1 = \frac{Q}{\varepsilon_0 S}\cdot\frac{d_2}{d_1+d_2}, \quad E_2 = \frac{Q}{\varepsilon_0 S}\cdot\frac{d_1}{d_1+d_2}$$

となる．

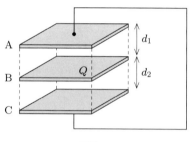

図 S4.2

4.6 コンデンサーに蓄えられている静電エネルギー U は，$U = Q^2/2C$ より，

$$U = \frac{dQ^2}{2\varepsilon_0 S}$$

である．電荷 Q は一定であるので，電極板にはたらく力 F は，$F = -\mathrm{d}U/\mathrm{d}d$ より，次のように求められる．

$$F = -\frac{\mathrm{d}}{\mathrm{d}d}\left(\frac{dQ^2}{2\varepsilon_0 S}\right) = -\frac{Q^2}{2\varepsilon_0 S}$$

d が大きくなると U が大きくなるので，電極間にはたらく力は引力である．

第 5 章

5.1 電束密度に関するガウスの法則を適用する．

$$D(r) = \frac{Q}{4\pi r^2} \quad (a < r)$$

$$D(r) = 0 \qquad (r \le a)$$

これより，電場は $E(r) = D(r)/\varepsilon \quad (r > a)$ となる．ε は誘電率である．したがって，電場は次のようになる．

$$E(r) = \frac{Q}{4\pi\varepsilon_0 r^2} \quad (b < r)$$

$$E(r) = \frac{Q}{4\pi\varepsilon_0\varepsilon_{\mathrm{r}} r^2} \quad (a < r \leq b)$$

$$E(r) = 0 \quad (r \leq a)$$

電位 ϕ は，無限遠をゼロとすると $\phi(r) = -\displaystyle\int_\infty^r E \, dr$ で与えられるので，

$$\phi(r) = \frac{Q}{4\pi\varepsilon_0 r} \quad (b < r)$$

$$\phi(r) = \frac{Q}{4\pi\varepsilon_0 b} + \frac{Q}{4\pi\varepsilon_0\varepsilon_{\mathrm{r}}} \left(\frac{1}{r} - \frac{1}{b}\right) \quad (a < r \leq b)$$

$$\phi(r) = \frac{Q}{4\pi\varepsilon_0 b} + \frac{Q}{4\pi\varepsilon_0\varepsilon_{\mathrm{r}}} \left(\frac{1}{a} - \frac{1}{b}\right) \quad (r \leq a)$$

となる．

5.2　一様な電場に対する誘電体球の鏡像電荷が点双極子であるとすると，球の外でのポテンシャルは，式 (4.19) より

$$\phi = -Ex + \frac{Ax}{r^3} \quad (a \leq r)$$

のように与えられる．球の内部では一様な電場を仮定すると，

$$\phi = Bx \quad (a > r)$$

となる（A, B は定数）．これらを極座標で書き換える．

$$\phi = -Er\cos\theta + \frac{A}{r^2}\cos\theta \quad (a \leq r)$$

$$\phi = Br\cos\theta \quad (a > r)$$

これから，r 方向の電束密度 D_r は以下のように与えられる．

$$D_r = -\varepsilon_0 \frac{\partial\phi}{\partial r} = -\varepsilon_0 \left(-E\cos\theta - \frac{2A}{r^3}\cos\theta\right) \quad (a \leq r)$$

$$D_r = -\varepsilon_0\varepsilon_{\mathrm{r}} \frac{\partial\phi}{\partial r} = -\varepsilon_0\varepsilon_{\mathrm{r}} B\cos\theta \quad (a > r)$$

$r = a$ で ϕ と D が連続である条件を使うと，

$$A = \frac{\varepsilon_{\mathrm{r}} - 1}{\varepsilon_{\mathrm{r}} + 2}a^3 E, \quad B = -\frac{3}{\varepsilon_{\mathrm{r}} + 2}E$$

と求められる．以上より，次のようになる．

$$\phi = -Ex + \frac{\varepsilon_{\mathrm{r}} - 1}{\varepsilon_{\mathrm{r}} + 2}\left(\frac{a}{r}\right)^3 Ex \quad (a \leq r)$$

$$\phi = -\frac{3}{\varepsilon_{\mathrm{r}} + 2}Ex \quad (a > r)$$

　ここでは鏡像法を用いて問題を解いたが，球座標を用いて，ポテンシャルをルジャンドル多項式で展開しても解くことができる．

5.3 前問の答えを使用して，誘電体内の電場の x 成分は，

$$E_x = -\frac{\partial \phi}{\partial x} = \frac{3}{\varepsilon_r + 2} E$$

となる．電束密度 D の x 成分は，

$$D_x = \frac{3\varepsilon_r \varepsilon_0}{\varepsilon_r + 2} E$$

誘電体球の分極 P は

$$P = D_x - \varepsilon_0 E_x = \frac{3(\varepsilon_r - 1)\varepsilon_0}{\varepsilon_r + 2} E$$

となる．

5.4 電極板からの距離を x とすると，比誘電率は $\varepsilon_r = \varepsilon_1 + (\varepsilon_2 - \varepsilon_1)x/d$ で与えられる．いま，電極に電荷 Q が溜まっているとすると，電束密度は $D = Q/S$ となり，電場は $E = D/\varepsilon_0\varepsilon_r$ で与えられる．したがって，電極間の電位差 V は，

$$V = -\int_d^0 E\mathrm{d}x = \int_0^d \frac{Q}{\varepsilon_0 S[\varepsilon_1 + (\varepsilon_2 - \varepsilon_1)x/d]}\mathrm{d}x = \frac{Qd}{\varepsilon_0 S(\varepsilon_2 - \varepsilon_1)} \log_e \frac{\varepsilon_2}{\varepsilon_1}$$

電気容量 C は，

$$C = \frac{Q}{V} = \frac{\varepsilon_0 S(\varepsilon_2 - \varepsilon_1)}{d \log_e(\varepsilon_2/\varepsilon_1)}$$

となる．

5.5 コンデンサーに単位長さあたり λ の電荷が蓄えられているとき，半径 r の場所で，電束密度は誘電率の値に依存せず，$D(r) = \lambda/2\pi r$ で与えられる．比誘電率を $\varepsilon_r(r)$ とすると，電場は $E(r) = D(r)/\varepsilon_0\varepsilon_r(r) = \lambda/2\pi\varepsilon_0\varepsilon_r(r)r$ となる．電場を一定にする条件は，$\varepsilon_r(r) = A/r$（A は正の定数）である．

5.6 **図S5.1** のようなコンデンサーの電気容量 C は以下のように与えられる．

$$C = \frac{\varepsilon_0 S(l - x)}{ld} + \frac{S(x/l)}{(d - t)/\varepsilon_0 + t/\varepsilon_0\varepsilon_r} = \frac{\varepsilon_0 S}{l}\left\{\frac{l}{d} + \frac{(\varepsilon_r - 1)t}{d\left[\varepsilon_r d - (\varepsilon_r - 1)t\right]}x\right\}$$

静電エネルギー U は，$U = CV^2/2$ で与えられる．電圧一定で誘電体が引き込まれる力の大きさ F は，

$$F = \left|-\frac{\mathrm{d}U}{\mathrm{d}x}\right| = \frac{\varepsilon_0 S(\varepsilon_r - 1)t}{dl\left[\varepsilon_r d - (\varepsilon_r - 1)t\right]} \cdot \frac{V^2}{2}$$

となる．

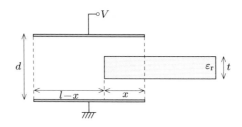

図S5.1 誘電体が挿入された平行板コンデンサー

第 6 章

6.1　図 6.12 の閉回路 ACDA, CBDC, ADBA にキルヒホッフの法則を適用する.

$$I_1 R_1 + I_5 R_5 - I_2 R_2 = 0$$

$$(I_1 - I_5)R_3 - (I_2 + I_5)R_4 - I_5 R_5 = 0$$

$$I_2 R_2 + (I_2 + I_5)R_4 = V$$

ここで, R_3 と R_4 を流れる電流が, それぞれ $I_1 - I_5$, $I_2 + I_5$ であることを使った. 以上の式を I_5 について解くと,

$$I_5 = \frac{(R_2 R_3 - R_1 R_4)V}{R_5(R_1 + R_3)(R_2 + R_4) + R_1 R_3(R_2 + R_4) + R_2 R_4(R_1 + R_3)}$$

となり, この答えから, ブリッジ回路の平衡条件が $R_2 R_3 - R_1 R_4 = 0$ であることもわかる.

6.2　回路を流れる電流 I は,

$$I = \frac{V_0}{R + r}$$

である. 負荷抵抗の両端の電圧 V_R は,

$$V_R = V_0 - rI = \frac{RV_0}{R + r}$$

となる. いま, 起電力 $V_0 = 3\,\mathrm{V}$, 内部抵抗 $r = 1\,\Omega$, 負荷抵抗 $R = 10\,\Omega$ とすると, $V_R = 2.7\,\mathrm{V}$ となる.

6.3　白熱電球のフィラメントにはふつうタングステンのような金属が用いられている. 一般に, 金属の電気抵抗は温度に依存していて, 温度が高くなると大きくなる傾向がある. 点灯時にはフィラメントの温度は高いので $100\,\Omega$ あるとしても, 室温では抵抗が小さくなると考えられる.

　このような理由により, 白熱電球では, スイッチを入れた瞬間に, 過渡的に大きな電流が流れることも知られている.

6.4　コンデンサーの電極面積を S, 電極間隔を d とすると, コンデンサーの直流抵抗は, 抵抗率 ρ を用いて,

$$R = \rho \frac{d}{S}$$

と書ける. 一方, コンデンサーの容量 C は,

$$C = \varepsilon_0 \varepsilon_\mathrm{r} \frac{S}{d}$$

で与えられる. 両式から, 問題で与えられていない量 d/S を消去すると,

$$R = \frac{\varepsilon_0 \varepsilon_\mathrm{r} \rho}{C}$$

となる.

6.5　スイッチが接点 A につながっているとき, コンデンサーの電荷は $Q = CV$ である. これが $t > 0$ の過渡現象の初期状態になる. スイッチが接点 B につなげられた $t > 0$ における電圧降下の式は,

$$\frac{Q}{C} + RI = 0$$

となる. 電流は $I = \mathrm{d}Q/\mathrm{d}t$ であるから, 電荷の時間変化 (過渡現象) を表す運動方程式は,

$$\frac{\mathrm{d}Q}{\mathrm{d}t} = -\frac{1}{RC}Q$$

となる．これを初期条件 $Q(t=0) = CV$ の条件で解くと，

$$Q(t) = CV \exp\left(\frac{-t}{RC}\right)$$

と表される．これは典型的な緩和現象で，$\tau = RC$ で与えられる緩和を特徴付ける時間を緩和時間，または時定数とよぶ．

第7章

7.1 問題の図 7.16 より，z 軸上の磁束密度は z 軸に平行であるので，その z 成分 $B_z(z)$ を求めればよい．点 A を $(a\cos\theta, a\sin\theta, 0)$，点 B を $(0, 0, z)$ とおく．点 A の電流素片は，$I t \mathrm{d}s = (-I\mathrm{d}s\sin\theta, I\mathrm{d}s\cos\theta, 0)$ と書ける．$\overrightarrow{\mathrm{AB}} = (-a\cos\theta, -a\sin\theta, z) \equiv \boldsymbol{R}$ とおくと，点 A 上の微小電流が点 B につくる磁束密度の z 成分 $\mathrm{d}B_z(z)$ は，ビオ–サバールの法則より，

$$\mathrm{d}B_z = \frac{\mu_0 I}{4\pi} \cdot \frac{(\boldsymbol{t} \times \boldsymbol{R})_z}{R^3}\mathrm{d}s = \frac{\mu_0 Ia}{4\pi} \cdot \frac{1}{R^3}a\mathrm{d}\theta$$

となる．これを積分して，

$$B_z = \frac{\mu_0 Ia^2}{4\pi R^3} \int_0^{2\pi} \mathrm{d}\theta = \frac{\mu_0 Ia^2}{2R^3} = \frac{\mu_0 Ia^2}{2(a^2 + z^2)^{3/2}}$$

と求められる．

7.2 y 軸上の磁束密度は x 軸に平行であるので，その x 成分 $B_x(y)$ を求めればよい．**図 S7.1** のように，点 A を $(x, 0, 0)$，点 B を $(0, y, 0)$ とおく．点 A を流れる直線電流 $I\mathrm{d}x/a$ が点 B につくる磁束密度は，例題 7.4 より，

$$\mathrm{d}B_x = \frac{\mu_0 I}{2\pi a} \cdot \frac{\cos\theta\mathrm{d}x}{\sqrt{x^2 + y^2}} = \frac{\mu_0 I}{2\pi a} \cdot \frac{y\mathrm{d}x}{x^2 + y^2}$$

である．$x = y\tan\theta$，$\tan\theta_0 = a/2y$ とおくと，$\mathrm{d}x = y\sec^2\theta\mathrm{d}\theta$，$\cos^2\theta = y^2/(x^2 + y^2)$ より，次のように求められる．

$$B_x(y) = \frac{\mu_0 I}{2\pi a} \int_{-\theta_0}^{\theta_0} \mathrm{d}\theta = \frac{\mu_0 I\theta_0}{\pi a} = \frac{\mu_0 I}{\pi a} \tan^{-1}\frac{a}{2y}$$

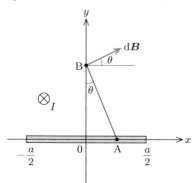

図 S7.1 x-y 平面

7.3 **図 S7.2** より，系の対称性から，磁束密度 B は円周に沿って同じ値をとるので，円筒の軸を中心とする半径 r の円に沿ってアンペールの法則を適用する．

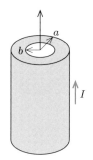

図 S7.2　中空共軸円筒導体

(i)　$r < b$（内部空洞内）

$$2\pi r \cdot B = 0 \quad \therefore B = 0$$

(ii)　$b \leq r < a$（導体内）

$$2\pi r \cdot B = \mu_0 \frac{r^2 - b^2}{a^2 - b^2} I \quad \therefore B = \frac{\mu_0 I}{2\pi(a^2 - b^2)} \left(r - \frac{b^2}{r} \right)$$

(iii)　$a \leq r$（導体外）

$$2\pi r \cdot B = \mu_0 I \quad \therefore B = \frac{\mu_0 I}{2\pi r}$$

7.4　電流密度 $\boldsymbol{j}$ は，$\boldsymbol{j} = (\nabla \times \boldsymbol{B})/\mu_0$ で与えられる．回転の計算を行って，次のように求められる．

$$\boldsymbol{j} = \frac{4A}{\mu_0}(x^2 + y^2)\boldsymbol{e}_3$$

7.5　電流密度 $\boldsymbol{j}$ は，$\boldsymbol{j} = (\nabla \times \boldsymbol{B})/\mu_0$ で与えられる．円柱座標の回転

$$\nabla \times \boldsymbol{B} = \frac{1}{\rho} \begin{vmatrix} \boldsymbol{e}_\rho & \rho \boldsymbol{e}_\phi & \boldsymbol{e}_z \\ \dfrac{\partial}{\partial \rho} & \dfrac{\partial}{\partial \phi} & \dfrac{\partial}{\partial z} \\ B_\rho & \rho B_\phi & B_z \end{vmatrix}$$

に注意して，

$$\boldsymbol{j} = \frac{2k^2 A}{\mu_0}(-k^2\rho^2)\exp(-k^2\rho^2)\boldsymbol{e}_z$$

と求められる．

7.6　$\boldsymbol{B} = \nabla \times \boldsymbol{A}$ なので，

$$B_x = \frac{\partial A_z}{\partial y} - \frac{\partial A_y}{\partial z}$$

が一定になればよい．そのような条件を満たす例として，

$$\boldsymbol{A} = -B_0 z \boldsymbol{e}_2, \quad \boldsymbol{A} = -B_0 y \boldsymbol{e}_3$$

などがある．

7.7　$\boldsymbol{B} = \nabla \times \boldsymbol{A}$ を計算すればよい．

$$A = \left(\frac{m_y z - m_z y}{r^3}, \frac{m_z x - m_x z}{r^3}, \frac{m_x y - m_y x}{r^3} \right), \quad r^3 = (x^2 + y^2 + z^2)^{3/2}$$

であることに注意して，回転をとる．

$$B = -\frac{1}{r^3} \left[m - \frac{3(m \cdot r)r}{r^2} \right]$$

これは，回転電流のつくる磁束密度である（8.1 節参照）．

第 8 章

8.1 半径 r $(a < r < b)$ の円周に沿ってアンペールの法則を適用すると，円周に沿った方向の磁場 H の大きさは，

$$H(r) = \frac{I}{2\pi r}$$

円周に沿った方向の磁束密度 B の大きさは，

$$B(r) = \begin{cases} \dfrac{\mu_1 I}{2\pi r} & (a < r < c) \\ \dfrac{\mu_2 I}{2\pi r} & (c \leq r < b) \end{cases}$$

と求められる．

8.2 図 7.14 のような閉経路を考える．コイルの中心からの距離を r とする．この経路にアンペールの法則を適用すると，例題 7.8 と同様に，コイル内外の磁束密度 B は，

$$B(r) = \begin{cases} \mu_0 n I & (r < a) \\ 0 & (a \leq r) \end{cases}$$

となる．コイルの中に透磁率 μ の磁性絶縁体の円柱を挿入したとき，磁場 H は磁化や磁化電流の影響を受けないので，

$$H(r) = \begin{cases} n I & (r < a) \\ 0 & (a \leq r) \end{cases}$$

となる．磁束密度 $B(r)$ は，磁場に透磁率を掛ければよいので，

$$B(r) = \begin{cases} \mu n I & (r < a) \\ 0 & (a \leq r) \end{cases}$$

となる．

8.3 磁気モーメント m_1 が m_2 の位置につくる磁場を B_1 とすると，式 (8.7) より，

$$B_1 = -\frac{\mu_0}{4\pi r^3} \cdot \left[m_1 - \frac{3(m_1 \cdot r)r}{r^2} \right]$$

となり，相互作用のエネルギー U は，

$$U = -m_2 \cdot B_1 = \frac{\mu_0}{4\pi r^3} \cdot \left[m_2 \cdot m_1 - \frac{3(m_1 \cdot r)(m_2 \cdot r)}{r^2} \right]$$

となる．

m_1 と m_2 と r がたがいに平行で同一直線状にあるときは，

$$U = -\frac{\mu_0 m_1 m_2}{2\pi r^3}$$

m_1 と m_2 が平行で，r とは垂直なときは，

$$U = \frac{\mu_0 m_1 m_2}{4\pi r^3}$$

となる.

8.4　磁束密度 B が金属の環の断面に垂直で一様に存在すると考えると，式 (8.26) の境界条件からどちらの金属の中でも磁束密度の値 B は同じになる．透磁率 μ_1 と μ_2 の 2 種類の金属における磁場をそれぞれ H_1 と H_2 とすると，

$$H_1 = \frac{1}{\mu_1}B, \quad H_2 = \frac{1}{\mu_2}B$$

と書ける．コイルの中心を通る円形の閉曲線にアンペールの法則を適用する.

$$\pi a H_1 + \pi a H_2 = NI$$

これらから，磁束密度 B は，次のように求められる.

$$B = \frac{\mu_1 \mu_2}{\pi a(\mu_1 + \mu_2)}NI$$

8.5　ガウスの法則を適用すると，磁性体の外部では，$\boldsymbol{H} = \boldsymbol{B} = 0$ であることがわかる．磁場 $\boldsymbol{H}$ の磁性体の境界面の接線成分は連続なので，**図 S8.1**(a) のように磁場 $\boldsymbol{H}$ は境界面に垂直になる．磁束密度 $\boldsymbol{B}$ の磁性体の境界面の法線成分は連続なので，図 (b) のように磁束密度 $\boldsymbol{B}$ は境界面に平行になる．もし磁化の方向と大きさが与えられれば，$\boldsymbol{B}$ と $\boldsymbol{H}$ の大きさは，$\boldsymbol{H} = (\boldsymbol{B}/\mu_0) - \boldsymbol{M}$ から決められる.

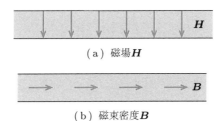

（a）磁場 $\boldsymbol{H}$

（b）磁束密度 $\boldsymbol{B}$

図 S8.1　磁場と磁束密度

第 9 章

9.1　電流がつくる磁束密度の大きさ B は，長さ l，半径 r の円筒形の領域にアンペールの法則を適用すると，

$$B(r) = \frac{\mu_0 I}{2\pi r}$$

となる．コイルの一辺が r に比べて十分小さいとすると，

$$\Phi = BS = \frac{\mu_0 IS}{2\pi r(t)}$$

となるので，ファラデーの法則により，

$$\phi_{\mathrm{em}} = -\frac{\mathrm{d}\Phi}{\mathrm{d}t} = -\frac{\mathrm{d}\Phi}{\mathrm{d}r}\frac{\mathrm{d}r}{\mathrm{d}t} = \frac{\mu_0 IS}{2\pi r^2}v$$

と求められる.

9.2　円の中心を原点とし，原点からの距離を r，距離 d の方向からの角度を θ とする（**図 S9.1**）．直線状の導体に電流 I を流すとき，コイル内の点に生じる磁束密度の大きさ B は，

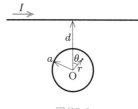

図 S9.1

$$B = \frac{\mu_0 I}{2\pi(d + r\cos\theta)}$$

となる. これより, コイルを貫く磁束 Φ は, 以下のように与えられる.

$$\Phi = \int_0^a r\mathrm{d}r \int_0^{2\pi} \mathrm{d}\theta \frac{\mu_0 I}{2\pi(d + r\cos\theta)} = \frac{\mu_0 I}{2\pi} \int_0^a r\mathrm{d}r \int_0^{2\pi} \mathrm{d}\theta \frac{1}{d + r\cos\theta}$$

角度 θ の積分を以下のように変形する.

$$\int_0^{2\pi} \frac{\mathrm{d}\theta}{d + r\cos\theta} = \int_0^{\pi} \frac{2\mathrm{d}\theta}{d + r\cos\theta} = \int_0^{\pi/2} \frac{2\mathrm{d}\theta}{d + r\cos\theta} + \int_{\pi/2}^{\pi} \frac{2\mathrm{d}\theta}{d + r\cos\theta}$$

$$= \int_0^{\pi/2} 2\mathrm{d}\theta \left(\frac{1}{d + r\cos\theta} + \frac{1}{d - r\cos\theta} \right) = \int_0^{\pi/2} \frac{4d\,\mathrm{d}\theta}{d^2 - r^2\cos^2\theta}$$

$$= \int_0^{\pi/2} \frac{4d\sec^2\theta\,\mathrm{d}\theta}{d^2\sec^2\theta - r^2}$$

次に, 変数変換 $d^2\sec^2\theta - r^2 = (d^2 - r^2)\sec^2\phi$ を行う. $\sec^2\theta = 1 + \tan^2\theta$ より, $\tan\theta = \tan\phi \cdot \sqrt{d^2 - r^2}/d$ が得られるので, 微分して $\sec^2\theta \cdot \mathrm{d}\theta = (\sqrt{d^2 - r^2}/d)\sec^2\phi \cdot \mathrm{d}\phi$ となる.

$$\int_0^{\pi/2} \frac{4d\sec^2\theta\,\mathrm{d}\theta}{d^2\sec^2\theta - r^2} = \int_0^{\pi/2} \frac{4\sqrt{d^2 - r^2}\sec^2\phi\,\mathrm{d}\phi}{(d^2 - r^2)\sec^2\phi} = \frac{4}{\sqrt{d^2 - r^2}} \int_0^{\pi/2} \mathrm{d}\phi$$

$$= \frac{2\pi}{\sqrt{d^2 - r^2}}$$

$$\therefore \Phi = \mu_0 I \int_0^a \frac{r\mathrm{d}r}{\sqrt{d^2 - r^2}} = \mu_0 I[-\sqrt{d^2 - r^2}]_0^a = \mu_0(d - \sqrt{d^2 - a^2})I$$

相互インダクタンス M の定義 $\Phi = MI$ により,

$$M = \mu_0(d - \sqrt{d^2 - a^2})$$

と求められる.

9.3 問題のソレノイドコイルに電流 I を流すとき, コイルの内部に発生する磁束密度の大きさ B は, $B = \mu_0 nI$ となる (例題 7.8 参照). これより,

$$U = \frac{B^2}{2\mu_0} lS = \frac{1}{2}\mu_0 n^2 lSI^2$$

と求められる.

9.4 電流によってつくられる磁場のエネルギー U は, 電流が流れていない状態から, 誘導起電力に打ち勝って電流を I_1 と I_2 まで増加させるのに必要な仕事に等しい. いま, 電流が I_1 と I_2 になるまでに T [s] かかったとする. それぞれのコイルの起電力を ϕ_1 と ϕ_2 とすると,

$$U = \int_0^T [\phi_1(t)I_1'(t) + \phi_2(t)I_2'(t)]\mathrm{d}t$$

となる. ここで, 電流が増加する過程で 2 つのコイルに流れる電流を, それぞれ I_1' と I_1' とした. 実質的な起電力は, 相互インダクタンスからの寄与も考慮すると,

$$\phi_1(t) = L_1 \frac{dI_1'}{dt} + M \frac{dI_2'}{dt}, \quad \phi_2(t) = L_2 \frac{dI_2'}{dt} + M \frac{dI_1'}{dt}$$

となる. したがって, 次のように求められる.

$$
\begin{aligned}
U &= \int_0^T \left[L_1 \frac{dI_1'}{dt} I_1' + M \frac{dI_2'}{dt} I_1' + M \frac{dI_1'}{dt} I_2' + L_2 \frac{dI_2'}{dt} I_2' \right] dt \\
&= \int_0^T \left[\frac{1}{2} L_1 \frac{dI_1'^2}{dt} + M \frac{dI_1' I_2'}{dt} + \frac{1}{2} L_2 \frac{dI_2'^2}{dt} \right] dt \\
&= \frac{1}{2} L_1 I_1^2 + M I_1 I_2 + \frac{1}{2} L_2 I_2^2
\end{aligned}
$$

第 10 章

10.1 $t = 0$ での点電荷の位置を原点とすると, 点電荷の位置の座標は $(vt, 0)$ となる. x 軸に関して軸対称な現象なので, xy 平面を考えることにする. 点 (x, y) における電束密度 $\boldsymbol{D}$ の x 成分と y 成分は, 以下のように書ける.

$$D_x = \frac{q}{4\pi r^2} \cdot \frac{x - vt}{r}, \quad D_y = \frac{q}{4\pi r^2} \cdot \frac{y}{r}$$

ここで, 距離 r は, $r = \sqrt{(x - vt)^2 + y^2}$ である. 変位電流 $\boldsymbol{j}$ の x 成分と y 成分は以下のように与えられる.

$$j_x = \frac{\partial D_x}{\partial t} = \frac{qv}{4\pi} \cdot \frac{2(x - vt)^2 - y^2}{[(x - vt)^2 + y^2]^{5/2}}, \quad j_y = \frac{\partial D_y}{\partial t} = \frac{qv}{4\pi} \cdot \frac{3y(x - vt)}{[(x - vt)^2 + y^2]^{5/2}}$$

10.2 角周波数 ω の正弦波電場を印加するとき, 変位電流 j_d と実電流 j_c の大きさの比は,

$$\frac{j_d}{j_c} = \frac{\varepsilon \omega}{\sigma}$$

で与えられる. この比が 1 より小さいとき, 海水は誘電体の性質よりも導体の性質が強くなる. この条件の周波数 f は,

$$f = \frac{\sigma}{2\pi\varepsilon} = 4.4 \times 10^8 \, \text{Hz} = 440 \, \text{MHz}$$

となる.

この結果から, この周波数以下の電波は減衰が強くなり, 遠くまで伝わらないことがわかる.

10.3 (1) ガウスの法則により,

$$E(t) = \frac{Q(t)}{\pi a^2 \varepsilon_0}$$

となる. 方向は**図 S10.1** に示す.

電極の中心からの距離を r とする. アンペールの法則により,

$$B(r, t) = -\frac{\mu_0 \varepsilon_0}{2} r \frac{dE(t)}{dt} = -\frac{\mu_0 r}{2\pi a^2} \cdot \frac{dQ(t)}{dt}$$

となる. 方向は解図に示す.

(2) ポインティングベクトル $\boldsymbol{S} = (1/\mu_0) \boldsymbol{E} \times \boldsymbol{B}$ より,

$$S(r, t) = -\frac{r}{2\pi^2 a^4 \varepsilon_0} Q \frac{dQ}{dt} = -\frac{r}{4\pi^2 a^4 \varepsilon_0} \frac{dQ^2}{dt}$$

となる. 方向は図に示す.

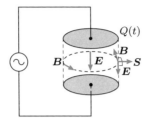

図S10.1　電荷が減少するコンデンサー $(\mathrm{d}Q/\mathrm{d}t < 0)$

(3)　$\boldsymbol{S}$ によって放射されるエネルギー U_r は,

$$U_\mathrm{r} = 2\pi a d \int_0^{T/4} S(a,t)\mathrm{d}t = \frac{dQ_0^2}{2\varepsilon_0\pi a^2}$$

となる. ここで, T はコサイン波形の周期で, 積分領域は電荷が Q_0 からゼロになる範囲である. このコンデンサーの静電容量は $C = \varepsilon_0\pi a^2/d$ なので, 静電エネルギー U_e は,

$$U_\mathrm{e} = \frac{Q_0^2}{2C} = \frac{dQ_0^2}{2\varepsilon_0\pi a^2}$$

となる. したがって, 外部に運び去れる電磁場のエネルギーは, コンデンサーに蓄えられていた静電エネルギーに等しいことがわかる.

10.4　電磁ポテンシャルから電場と磁束密度を計算するために式 (10.29) を使用する. 最初に, 電場に関するガウスの法則を考える.

$$\nabla \cdot \boldsymbol{E} = \nabla \cdot \left(-\frac{\partial \boldsymbol{A}}{\partial t} - \nabla\phi\right) = -\frac{\partial}{\partial t}(\nabla \cdot \boldsymbol{A}) - \nabla^2\phi = -\nabla^2\phi(\boldsymbol{r},t) + \frac{\partial^2\phi(\boldsymbol{r},t)}{c^2\partial t^2}$$
$$= \frac{\rho(\boldsymbol{r},t)}{\varepsilon_0}$$

磁場に関するガウスの法則は,

$$\nabla \cdot \boldsymbol{B} = \nabla \cdot (\nabla \times \boldsymbol{B}) = 0$$

となる. 次に, ファラデーの電磁誘導の法則を考える.

$$\nabla \times \boldsymbol{E} + \frac{\partial \boldsymbol{B}}{\partial t} = -\frac{\partial}{\partial t}(\nabla \times A) - \nabla \times (\nabla\phi) + \frac{\partial}{\partial t}(\nabla \times \boldsymbol{A}) = 0$$

最後に, アンペール−マックスウェルの法則を考える.

$$\nabla \times \boldsymbol{B} - \frac{1}{c^2}\frac{\partial \boldsymbol{E}}{\partial t} = \nabla \times (\nabla \times \boldsymbol{A}) - \left(-\frac{1}{c^2}\frac{\partial^2 \boldsymbol{A}}{\partial t^2} - \frac{1}{c^2}\frac{\partial}{\partial t}\nabla\phi\right) = \nabla(\nabla \cdot \boldsymbol{A}) - \nabla^2\boldsymbol{A}$$
$$- \left(-\frac{1}{c^2}\frac{\partial^2 \boldsymbol{A}}{\partial t^2} - \frac{1}{c^2}\frac{\partial}{\partial t}\nabla\phi\right)$$
$$= \nabla\left(\nabla \cdot \boldsymbol{A} + \frac{1}{c^2}\frac{\partial\phi}{\partial t}\right) + \left(\frac{1}{c^2}\frac{\partial^2 \boldsymbol{A}}{\partial t^2} - \nabla^2\boldsymbol{A}\right) = \frac{1}{c^2}\frac{\partial^2 \boldsymbol{A}}{\partial t^2} - \nabla^2\boldsymbol{A}$$
$$= \mu_0\boldsymbol{j}$$

ここで, 以下の式を使用した.

$$\nabla \times (\nabla \times \boldsymbol{A}) = \nabla(\nabla \cdot \boldsymbol{A}) - \nabla^2\boldsymbol{A}$$

以上のように, マックスウェル方程式を導くことができる.

第 11 章

11.1 図 11.1 のように，波数 $\boldsymbol{k}$ を z 軸方向，電場 $\boldsymbol{E}$ を x 軸方向，磁束密度 $\boldsymbol{B}$ を y 軸方向にとると，式 (11.25) より，

$$\boldsymbol{E} = |E_0|\boldsymbol{e}_1 \exp[\mathrm{i}(\boldsymbol{k}\cdot\boldsymbol{r} - \omega t + \theta)]$$

$$\boldsymbol{B} = \frac{|E_0|}{c}\boldsymbol{e}_2 \exp[\mathrm{i}(\boldsymbol{k}\cdot\boldsymbol{r} - \omega t + \theta)]$$

となる．例題 11.4 で示したように，複素数を用いた方法で平均をとる．

$$\overline{\boldsymbol{S}} = \frac{1}{2\mu_0}\boldsymbol{E}\times\boldsymbol{B}^* = \frac{|E_0|^2}{2\mu_0 c}\boldsymbol{e}_3$$

$$\overline{u} = \frac{1}{4}(\boldsymbol{E}\cdot\boldsymbol{D}^* + \boldsymbol{B}\cdot\boldsymbol{H}^*) = \frac{\varepsilon_0}{2}|E_0|^2 = \frac{|E_0|^2}{2\mu_0 c^2}$$

これより，$\overline{\boldsymbol{S}} = c\overline{u}\boldsymbol{e}_3$ が得られる．

11.2 式 (10.29) を用いて電場 $\boldsymbol{E}$ と磁束密度 $\boldsymbol{B}$ を計算すると，

$$\boldsymbol{E}' = -\frac{\partial\boldsymbol{A}'}{\partial t} - \nabla\phi' = -\frac{\partial\boldsymbol{A}}{\partial t} - \nabla\frac{\partial\chi_0}{\partial t} - \nabla\phi + \frac{\partial\nabla\chi_0}{\partial t} = -\frac{\partial\boldsymbol{A}}{\partial t} - \nabla\phi = \boldsymbol{E}$$

$$\boldsymbol{B}' = \nabla\times\boldsymbol{A}' = \nabla\times\boldsymbol{A} - \nabla\times(\nabla\chi_0) = \nabla\times\boldsymbol{A} = \boldsymbol{B}$$

となって，変換の前後で電場 $\boldsymbol{E}$ と磁束密度 $\boldsymbol{B}$ は変化しない．

11.3 $\boldsymbol{A}$ に関する方程式を変換する．

$$\nabla^2\boldsymbol{A}' - \nabla^2(\nabla\chi_0) - \frac{1}{c^2}\frac{\partial^2\boldsymbol{A}'}{\partial t^2} + \frac{1}{c^2}\frac{\partial^2(\nabla\chi_0)}{\partial t^2} = -\mu_0\boldsymbol{j}$$

$$\left(\nabla^2\boldsymbol{A}' - \frac{1}{c^2}\frac{\partial^2\boldsymbol{A}'}{\partial t^2}\right) - \nabla\left(\nabla^2\chi_0 - \frac{1}{c^2}\frac{\partial^2\chi_0}{\partial t^2}\right) = -\mu_0\boldsymbol{j}$$

$$\therefore \nabla^2\boldsymbol{A}' - \frac{1}{c^2}\frac{\partial^2\boldsymbol{A}'}{\partial t^2} = -\mu_0\boldsymbol{j}$$

次に，ϕ に関する方程式を変換する．

$$\nabla^2\phi' - \nabla^2\frac{\partial\chi_0}{\partial t} - \frac{1}{c^2}\frac{\partial^2\phi'}{\partial t^2} + \frac{1}{c^2}\frac{\partial^3\chi_0}{\partial t^3} = -\frac{\rho}{\varepsilon_0}$$

$$\left(\nabla^2\phi' - \frac{1}{c^2}\frac{\partial^2\phi'}{\partial t^2}\right) - \frac{\partial}{\partial t}\left(\nabla^2\chi_0 - \frac{1}{c^2}\frac{\partial^2\chi_0}{\partial t^2}\right) = -\frac{\rho}{\varepsilon_0}$$

$$\therefore \nabla^2\phi' - \frac{1}{c^2}\frac{\partial^2\phi'}{\partial t^2} = -\frac{\rho}{\varepsilon_0}$$

最後に，$\boldsymbol{A}$ と ϕ の式（ローレンツ条件）を変換する．

$$\nabla\cdot\boldsymbol{A}' - \nabla\cdot(\nabla\chi_0) + \frac{1}{c^2}\frac{\partial\phi'}{\partial t} + \frac{1}{c^2}\frac{\partial^2\chi_0}{\partial t^2} = 0$$

$$\left(\nabla\cdot\boldsymbol{A}' + \frac{1}{c^2}\frac{\partial\phi'}{\partial t}\right) - \left(\nabla^2\chi_0 - \frac{1}{c^2}\frac{\partial^2\chi_0}{\partial t^2}\right) = 0$$

$$\therefore \nabla\cdot\boldsymbol{A}' + \frac{1}{c^2}\frac{\partial\phi'}{\partial t} = 0$$

以上より，不変であることがわかる．

11.4 演習問題 11.2 で示されたスカラーポテンシャルの式

$$\phi'(\boldsymbol{r},t) = \phi(\boldsymbol{r},t) - \frac{\partial}{\partial t}\chi_0(\boldsymbol{r},t)$$

に，本問で与えられた条件 $\partial\chi_0/\partial t = \phi$ を代入すると，$\phi'(\boldsymbol{r},t) = 0$ であることが示される．演習問題 11.3 のローレンツ条件に $\phi(\boldsymbol{r},t) = 0$ を代入すると，$\nabla \cdot \boldsymbol{A}(\boldsymbol{r},t) = 0$ が示される．

次に，演習問題 11.3 で示された $\nabla^2 \boldsymbol{A}(\boldsymbol{r},t) - (1/c^2)\partial^2 \boldsymbol{A}(\boldsymbol{r},t)/\partial t^2 = 0$ は波動方程式である．式 (11.16) と同じように，波動関数は，

$$\boldsymbol{A}(\boldsymbol{r},t) = \boldsymbol{A}_0 \exp[\mathrm{i}(\boldsymbol{k} \cdot \boldsymbol{r} - \omega t + \theta)]$$

と書ける．これより，電場 $\boldsymbol{E}$ と磁束密度 $\boldsymbol{B}$ は，以下のように与えられる．

$$\boldsymbol{E} = -\frac{\partial \boldsymbol{A}}{\partial t} = \mathrm{i}\omega \boldsymbol{A}_0 \exp[\mathrm{i}(\boldsymbol{k} \cdot \boldsymbol{r} - \omega t + \theta)]$$

$$\boldsymbol{B} = \nabla \times \boldsymbol{A} = \mathrm{i}\boldsymbol{k} \times \boldsymbol{A}_0 \exp[\mathrm{i}(\boldsymbol{k} \cdot \boldsymbol{r} - \omega t + \theta)]$$

一方，$\nabla \cdot \boldsymbol{A}(\boldsymbol{r},t) = 0$ に波動方程式を代入すると，$\boldsymbol{k} \cdot \boldsymbol{A}(\boldsymbol{r},t) = 0$ が得られ，$\boldsymbol{k} \perp \boldsymbol{A}$ であることがわかる．これより，電場と磁束密度は，波数 $\boldsymbol{k}$ に垂直であり，横波であることが示される．

索　引

●英　数●

1 次元波動	151
2 階微分	149
2 極管	36
E－B 対応	107
E－H 対応	107

●あ　行●

アインシュタイン	16
アハラノフ－ボーム (AB) 効果	135
アポロニウスの円	52
アンペールの法則	97
アンペール－マックスウェルの方程式	139
アンペール力	87
位相	152, 157
インピーダンスマッチング	84
渦なしベクトル	33
エックス線	156
エーテル	15
エネルギー密度	144
エネルギー流密度	144
エルステッドの実験	92
遠隔作用	14
円柱座標	26
円偏光	158
オームの法則	79

●か　行●

外積	162
回転	7
回転の定義	8
ガウスの定理	5
ガウスの法則	6, 14, 20, 21, 96
角運動量ベクトル	6
角振動数	152
角速度ベクトル	6
重ね合わせの原理	17, 32
可視光線	156
ガンマ線	156
起磁力	121
起電力	73, 126

基本単位ベクトル	27
逆 2 乗の法則	13
球座標	26
強磁性体	111
鏡像電荷	51
鏡像法	50, 51
極性ベクトル	161, 164
曲線直交座標系	26
キルヒホッフの第 1 法則	77
キルヒホッフの第 2 法則	82
キルヒホッフの法則	81
近接作用	14, 156
空間反転	164
屈折の法則	66, 118
クーロンの法則	12, 14
クーロン力	12
計量	27
ゲージ変換	159
交換則	162
光速度	150
光速度不変の原理	16
剛体の回転	6
勾配	3
コンデンサー	45

●さ　行●

サイクロトロン運動	90
サイクロトロン角振動数	91
座標変換	161
磁化	111
紫外線	156
磁化電流	111
磁化電流密度	111
磁化率	114
時間反転	165
磁気回路の方法	120
磁気双極子モーメント	107
磁気抵抗	122
磁気モーメント	107, 110
軸性ベクトル	164
自己インダクタンス	129
思考実験	15
自己誘導	130

磁石	106
自然光	157
磁束	88, 126
磁束密度	87
実電流	138
磁場	107
射影成分	162
周回積分	97, 165
自由電子	39
自由電磁場	149
ジュール熱	83
準定常電流	77
常微分方程式	151
磁力線	2
真空の透磁率	93
真空の誘電率	12, 46
真電流密度	113
振幅	157
スカラー	161
スカラー場	1
スカラーポテンシャル	30, 146
ストークスの定理	8
静磁場自身がもつエネルギー	133
静電エネルギー	47
静電遮蔽	41
静電場	16
静電場自身がもつエネルギー	69
静電ポテンシャル	30
静電誘導	40
静電誘導係数	48
赤外線	156
絶縁体	39
線積分	8, 165
双極子近似	35
相互インダクタンス	131
相反定理	49, 131
束縛電荷	57
ソレノイドコイル	98
ゾンマーフェルト	114

●た　行●

体積積分	5, 167
帯電	11

帯電したシート	17, 22
楕円偏光	158
単位ベクトル	162
単磁極	96, 107
力の場	114
地球の磁束密度	89
中心力	26, 31
超伝導	79
超伝導磁石	89
直線直交座標系	26
直線偏光	157
直流回路	81
抵抗率	79
定常状態	76
定常電流	76
デカルト座標	1, 26
電圧降下	82
電位	30
電荷	11, 39
電荷保存則	11, 76, 78
電気	11
電気感受率	61
電気四重極子	24
電気双極子	24, 34, 54
電気双極子モーメント	56
電気抵抗	79
電気分極	56
電気容量	45
電気容量係数	48
電気量	11
電気力線	18
電磁場のエネルギー保存則	145
電磁ポテンシャル	146
電磁誘導の法則	127
点双極子	36
電束密度	60
点電荷	12
伝導電子	39
電場	16
電流	73
電流密度	74

電力	83
透磁率	115
導体	39
導体球殻	43
導体球と点電荷	52
導体板	43
導体板と点電荷	50
動的なポテンシャル	146
導電率	79
特殊相対性理論	16

●な 行●

内積	162
ナブラ	3

●は 行●

場	1
波数ベクトル	151
発散	4
発散の定義	5
波動関数	151
波動方程式	150
反分極電場	59
ビオ–サバールの法則	93
比透磁率	115
比誘電率	61
表皮効果	153
表面積分	5, 8, 166
ファラデー	125
複素共役	152
複素数の振幅	157
物質の磁化率	115
物質の抵抗率	79
物質の比誘電率	61
フレミングの左手の法則	88
分極	56
分極電荷	57, 58
分離定数	151, 173
平面の方程式	10
ベクトル	161
ベクトル場	1

ベクトルポテンシャル	100
ヘリシティー	158
変位電流密度	137, 138
変換行列	161
偏光	156
偏光板	157
変数分離法	151
偏微分方程式	151
ボーア磁子	110
ポアッソン方程式	34, 103
ホイートストンブリッジ	85
ポインティングベクトル	145, 155
保存力	166
保存力場	32
ホール効果	91
ボルタの電池	73

●ま 行●

マイクロ波	156
マイケルソン	16
摩擦電気	11
マックスウェル応力	71
マックスウェル方程式	141
源の場	114
面積要素	4
モーリー	16

●や 行●

誘起磁化	111, 114
誘起分極	59
誘電体	39, 57
誘電率	61
横波	151

●ら 行●

ラプラス方程式	34
連続の式	78, 136, 144
ローレンツゲージ	147
ローレンツ条件	147, 159
ローレンツ力	90

著 者 略 歴

岩田 真（いわた・まこと）
1989 年　信州大学理学部物理学科 卒業
1994 年　名古屋大学工学研究科 修了（石橋・折原研究室）
　　　　名古屋大学助手，名古屋工業大学准教授を経て
2015 年　名古屋工業大学工学研究科教授
　　　　現在に至る
　　　　博士（工学）

編集担当　藤原祐介（森北出版）
編集責任　富井　晃（森北出版）
組　　版　中央印刷
印　　刷　同
製　　本　ブックアート

電磁気学　　　　　　　　　　　　　　　　　© 岩田 真 2020

2020 年 4 月 13 日　第 1 版第 1 刷発行　　【本書の無断転載を禁ず】
2023 年 3 月 10 日　第 1 版第 2 刷発行

著　　者　岩田 真
発 行 者　森北博巳
発 行 所　森北出版株式会社
　　　　　東京都千代田区富士見 1-4-11（〒102-0071）
　　　　　電話 03-3265-8341／FAX 03-3264-8709
　　　　　https://www.morikita.co.jp/
　　　　　日本書籍出版協会・自然科学書協会　会員
　　　　　JCOPY ＜（一社）出版者著作権管理機構 委託出版物＞

落丁・乱丁本はお取替えいたします.

Printed in Japan／ISBN 978-4-627-15691-3

MEMO

MEMO

MEMO

MEMO

MEMO

MEMO

MEMO